水资源短缺风险管理理论与实践

韩宇平 著

黄河水利出版社

内 容 提 要

水资源短缺越来越成为制约社会经济发展和影响社会稳定的重要因素之一,这种现象在我国北方地区尤为突出。本书在继承和发展已有研究成果的基础上,以首都圈(京、津地区)为例,综合运用水文水资源、风险分析理论、系统工程、概率论、模糊数学、计算数学等相关专业知识,对区域水资源短缺风险管理的理论与方法进行了系统研究,主要内容包括水资源短缺风险识别、水资源短缺风险分析、水资源短缺风险经济损失评估、水资源短缺风险评价、水资源短缺风险处理与调控、水资源短缺风险决策,以及水资源短缺风险控制标准初步研究等。本书特色在于对风险分析理论的系统化、实用化和理论联系实际方面做出了有益的尝试。

本书可供从事经济社会发展规划和水资源规划、管理、保护、监测等的科技工作者及有关决策部门、高等院校相关专业师生阅读参考。

图书在版编目(CIP)数据

水资源短缺风险管理理论与实践/韩宇平著. —郑州:
黄河水利出版社,2008.4
ISBN 978-7-80734-410-0

Ⅰ.水… Ⅱ.韩… Ⅲ.水资源管理:风险管理
Ⅳ.TV213.4

中国版本图书馆 CIP 数据核字(2008)第 046509 号

组稿编辑:余甫坤　电话:0371-66024993　E-mail:yfk7300@126.com

出 版 社:黄河水利出版社
　地址:河南省郑州市金水路 11 号　邮政编码:450003
发行单位:黄河水利出版社
　发行部电话:0371-66026940　传真:0371-66022620
　E-mail:hhslcbs@126.com
承印单位:黄河水利委员会印刷厂
开本:890 mm×1 240 mm　1/32
印张:7.125
字数:205 千字　印数:1—1 000
版次:2008 年 4 月第 1 版　印次:2008 年 4 月第 1 次印刷

定价:25.00 元

前　言

水资源短缺问题越来越成为制约社会经济发展和影响社会稳定的重要因素之一,这种现象在我国北方地区尤为突出。水资源是否短缺受供给和需求两个主要因素影响,当供给不能满足用水需求时,就会出现水资源短缺风险。受降雨、径流及其他各种随机因素的影响,供水和需水都会不同程度地存在许多不确定性因素,因此我国大多数地区出现水资源短缺风险是必然的。如何缓解或避免由于缺水风险所造成的国民经济损失,一直是众多学者关注的问题,并为此开展过大量的研究工作,业已取得了许多有价值的研究成果。本书在继承和发展已有研究成果的基础上,以首都圈(京、津地区)为例,综合运用水文水资源、风险分析理论、系统工程、概率论、模糊数学、计算数学等相关专业知识,对区域水资源短缺风险管理的理论与方法进行了系统研究。本书特色在于对风险分析理论的系统化、实用化和理论联系实际方面做出了一定的努力,主要研究成果可以归纳为:

(1)对水资源风险的定义进行了详细阐述,建立了水资源系统可靠性和风险系统框架,构建并描述了水资源风险的性能指标,对水资源系统的风险属性和风险特性等进行了分析。

(2)在系统描述风险识别原理和方法的基础上,对首都圈水资源系统所面临的风险来源进行了系统识别,为便于明晰水资源风险因子间的复杂关系,建立了水资源风险因素的影响图概念模型。

(3)在对已有风险分析方法总结的基础上,首先采用优化模型对区域串联水库联合供水风险进行了分析研究,随后采用基于系统模拟思想的水资源供需分析模型对首都圈的水资源短缺风险进行了详细的研究。

(4)利用水资源投入产出宏观经济模型和水资源影子价格的测算数学模型,以首都圈为例对其2010规划水平年的水资源短缺经济损失及其概率分布进行了计算。

(5)采用模糊综合评判模型对水资源短缺风险结果进行了评价。在分析水资源系统各性能指标的基础上,提出了基于地理信息系统的水资源短缺风险的综合区划指标模型,并对首都圈区域的水资源短缺风险进行了基于GIS的风险评价。

(6)探讨了采取各种风险处理和调控的技术手段对水资源系统风险性能指标的影响程度;研究了各种风险管理技术手段对缓解或避免水资源短缺损失的贡献率,并对水资源短缺风险调控的策略进行了探讨。

(7)利用系统理论中风险决策的理论与方法,将水资源短缺风险决策分为两个层次,即单目标风险决策和多目标风险决策,详细研究了水资源短缺风险的决策过程。

(8)基于供给与需求均衡原理,从两个方面建立水资源短缺风险的最优控制标准理论,一是针对整个区域水资源保障系统,二是在区域发生水资源短缺风险后的调控准则。

本书在撰写过程中得到了众多人士的帮助和支持:首先凝结了西安理工大学解建仓教授和中国水利水电科学研究院阮本清教授的大量心血,在此向他们致以深切的谢意和崇高的敬意!同时感谢中国水利水电科学研究院的王浩院士、谢新民教授、唐克望教授、魏传江教授和张春玲博士的关怀和支持。感谢中国水利水电科学研究院的汪党献教授、赵红莉博士和赵勇博士提供的技术支持,他们的帮助使本书在关键技术上得以突破,为本书的完成做出了重要贡献。研究期间,作者还得到了中国水利水电科学研究院水资源所陈志恺院士、中科院地理所刘昌明院士、水规总院藤炜芬教授、中国水利水电科学研究院何少苓总工、水利部水资源司原副司长任光照教授等前辈的帮助和指点,在此表示由衷的感谢!

感谢华北水利水电学院引进人才科研启动资金和国家科技支撑计划(编号:2006BAD20B06—03)项目对本书研究及出版的资助!

由于水资源系统面临的风险问题非常广泛而且极其复杂,且受专业素养、理论水平及可操作性能力的制约,本书研究中的理论、方法、结构安排、文字表达等方面定会存在许多问题，敬请诸位同行专家本着关心和爱护的态度，予以批评指正。此外，书中对于其他专家学者的论点和成果都尽量给予了引证，如有不慎遗漏引证的，恳请诸位专家谅解。

作　者

2007 年 9 月

目 录

第1章 绪 论

本章首先在指出当前所面临的水资源短缺问题态势的基础上，对开展水资源短缺风险管理研究的必要性和可行性进行了论证；然后论述了国内外关于本领域的研究动态；继而对本书的研究区选择及研究框架和研究思路等进行了概述。

1.1 问题的提出

1.1.1 水资源短缺态势

水资源是国民经济建设中的基础性自然资源，也是一个国家的战略性资源，未来国家与国家之间的水资源争夺将成为国际争端的重要导火索（中国工程院，2000），正如联合国《世界水资源综合评估报告》中指出的那样：水问题将严重制约21世纪全球经济与社会发展，并可能导致国家之间的冲突。我国水资源人均占有量低，时空分布变异性大，水资源的分布与人口、生产力、耕地、矿产资源、生态环境的需求不相协调（汪党献，2000）。全国有1/4的国土面积缺水，1/10地区的水资源仅能满足人类生存的基本需求，还有2 000多万农村人口饮水困难问题尚待解决。目前，全国正常年份缺水量近400亿m^3，其中灌区缺水约300亿m^3，平均每年因干旱受灾的耕地达3亿多亩[1]，粮食年均减产200多亿kg；城市、工业年缺水60亿m^3，使工业产值减少2 300多亿元。全国668座城市有400多座城市缺水，其中108座严重缺水，尤其是京、津等特大城市，在连续遭遇枯水年时将会发生严重的水危机。根据1993年国际人口行动提出的“持续水—人口和可更新水的供给前景”报告（ENGELMAN R，1993）所确定的水资源紧缺评价指标的标准（见表1-1），我国有8个省级行政区面临缺水或严重缺水，4个省级行

[1] 1亩=666.7m^2。

政区用水紧张(过境水量大的省市区除外);全国人均水资源占有量低于全国平均水平的省级行政区有18个,且基本都在我国北方地区。随着我国人口增长、生活质量提高、城市化进程加快,使得人均水资源占有量将进一步减少,而用水量却进一步增加,水资源供需矛盾会更加突出,缺水已成为影响我国经济发展、粮食安全、社会安定和环境改善的主要制约因素。严峻的现实和挑战告诉我们,对水资源短缺问题的研究已经刻不容缓。

表1-1　水资源紧缺指标评价(ENGELMAN R,1993)

人均水资源量(m^3/(人·a))	缺水程度	缺水表现
>3 000	不缺水	
1 700~3 000	轻度缺水	局部地区、个别时段出现水问题
1 000~1 700	中度缺水	将出现周期性和规律性用水紧张
500~1 000	重度缺水	将经受持续性缺水,经济发展受损,人体健康受影响
<500	极度缺水	将经受极其严重的缺水,需要从外地调水

1.1.2　水资源短缺风险研究必要性

水资源是否短缺、短缺情况如何,简单来讲是受用水需求和供水两方面因素影响决定的,而受水资源系统径流、降雨和其他各种随机性的影响,供水和需水都存在不确定的因素,因此水资源的短缺也具有随机性,即区域供水存在着一定的风险。缺水必然会使国民经济遭受重大损失,为了避免或减轻这种损失,首先需要对缺水所造成的损失风险进行评估,在风险评估的基础上从供水和需求两个方面采取一系列工程和非工程的避险措施,对缺水风险进行管理。这些避险措施包括开发当地水源、节约用水、污水治理回用、调整水价、需水管理和跨流域调水等。从广义上讲,对缺水风险进行管理应以社会经济可持续发展和水资源的可持续利用为目标,通过管理达到社会经济发展、水资源开发利用和生态环境建设保护的相互协调。水资源短缺风险管理研究需要按以上目标和原则,结合风险管理理论提出一套从缺水风险分析到管理的理论体系。根据这一套理论对缺水风险进行管理才能定量地确定水资源系统所面临的风险来源、水资源系统在不同的规划水平年所面临的风险程度以及水资源系统在未来所应采取的战略规划框架。如何合理地安排不同地区各类开源节流水利工程建设管理的规模,最大限度发挥水利工程的效益,达到社会经济可持续发展和水资源可持续开发利用是水资源系统风险管理研究的目的。由此可见,对区域水资源风险管理的研究具有一定的迫切性和必要性。

1.1.3 研究区域选择

由于水的资源属性、环境属性、社会属性和经济属性,决定了水是保障人类生存和经济社会发展、维持生态环境系统平衡的最基本物质。但是,随着人口的增加、经济社会的不断发展,对水资源的需求也在不断增长,而可供水资源量却是有限的,加之对水资源的不合理开发利用、用水的浪费以及日趋严重的水污染,业已造成水资源的严重短缺,并对经济社会、生态环境造成了严重的负面影响。本书所述的首都圈(这里将首都圈定义为北京、天津两市的全部地区,亦称京津首都圈),人均水资源占有量远远低于1 000 m^3,按国际公认标准判断,属重度缺水地区。长期以来,水资源短缺就一直是制约首都圈经济社会可持续发展的首要问题,主要表现有:水资源供需严重失衡、水污染加剧和生态环境恶化。与此相伴,水资源的开发利用已近极限,近期的研究发现,其水资源量的变化呈明显的衰减趋势。如果上述由水引发的各种危机得不到合理的解决,则不仅会制约首都圈目前的发展,而且还将危及当地乃至国家的安全。

首都圈既是全国的政治和文化中心,又是重要的经济发展地区,在中国乃至世界都处于重要的战略地位。新中国成立以来,首都圈多次出现严重的水危机,特别是20世纪80年代初期发生的连续5年枯水,对首都圈的发展造成了极为严重的影响。目前首都圈正经历着新一轮水危机,水资源短缺已成为严重影响该地区实现第二步发展目标的“瓶颈”。如何切实解决首都圈水资源保障问题,备受世人关注。

20世纪60年代,首都圈发生了新中国成立以来首次严重的水危机,此后,首都圈水资源供需矛盾日益突出,引起了政府和有关学者的关注。缓解措施由单纯的“开源”向“开源节流并重”转变和发展，建立“节水型”社会成为首都圈追求的最大目标。“六五”至“九五”期间，围绕着京津地区水资源问题开展了不少工作，提出了一些有价值的学术成果，如“华北地区水资源开发利用与管理”、“中国水资源供需分析”等。1999 年 5 月，国家自然科学基金委召开了“21 世纪水问题研究”战略研讨会，就“节水及水资源高效利用”等四个方面进行了研讨，并将其作为今后的重点研究内容，2000 年 5 月，水利部、北京市、天津市与德国在天津市共同举办了“21 世纪初期大城市可持续发展的水资源保障国际研讨会”，会议达成共识：水资源的有效保障已成为大城市可持续发展的先决条件。

本书将首都圈作为应用实例，对水资源短缺风险的各种研究方法在区域层次上进行有效的集成，以便对地区水资源风险管理进行宏观地、综合地定量研究，其研究成果将为水资源战略规划提供理论依据和技术支撑，可直接推广应用于全国其他地区水问题的决策，具有重要的理论意义和实际应用价值。

1.2 国内外研究动态

国际上风险问题的研究始于 20 世纪 30 ~ 40 年代用概率论研究机器设备的维修问题，而当时风险问题的研究主要在军事领域，比如核工业和航空航天工业的风险分析问题。目前风险研究已应用于许多领域，如在化学工业、环境保护、航天工程、医疗卫生、经济等广泛的领域中都已经进行了风险分析的研究与应用，风险分析贯穿于工程系统的规划、设计、运行管理的各阶段（Kurt Fedra，2002；M. L. Dekay，1993；R. Schulze，2001；David M. Euhus，2001；James F. Short，1998）。

综观水资源系统风险分析的发展过程，大致可分为三个阶段（Leandro del，2000；V. N. Zhukinskii，2003；Deborah H. Lee，1999；Rachel walker，2001；David W，1997；王丽萍，1999；薛年华，1993；陈家琦，1997）：第一阶段为 20 世纪 50 年代末期至 70 年代初期。主要研究水文风险，以水文模型选择及参数确定方面的不确定性为主。第二阶段为 20 世纪 70 年代至 80 年代初。主要研究一些基础问题，如风险的内涵、衡量风险的性能指标不确定性来源等,探索风险费用、风险效益间的相互关系和工程评价准则,重点是单目标问题。第三阶段为20世纪80年代至21世纪初期。在这一阶段中,研究范围从水文、水利工程扩大到经济、社会、环境、生态等领域;风险分析与决策分析关系更加密切,并逐步运用系统工程科学和多目标理论方法为复杂的水资源系统风险分析和管理服务。

1.2.1 水文风险的研究进展

水文风险的研究重点主要分为线型选择和参数估计两个部分(傅湘,2001)。现行分布主要根据曲线的尾部性能,可以区分为两类:一类是薄尾分布,一类是厚尾分布。前者指所有超过概率在尾端(即流量增大)按负指数律递减的分布,如正态分布、P-Ⅲ型分布、Gumbel极值分布等;后者指所有超过概率在尾端按负幂函数律递减的分布,如对数正态分布、对数P-Ⅲ型分布、Weibull分布等。由于负幂函数律比负指数律趋于零的速度要慢得多,因此厚尾分布对于远离一般点据的特大值,要比薄尾分布拟合得好一些。

20世纪60年代初期,经过研究和实践证明,P-Ⅲ型分布曲线与我国绝大多数河流的来水过程相适应。但是,随着水文资料的日益增加,特大值的不断出现,P-Ⅲ型曲线的统计参数值增加极大,不同线型外延的结果相差很大,鉴于此,孙济良(1989)等推出了拓宽的P-Ⅲ型分布,将它命名为指数Γ分布曲线,并以此分布为基础,经过分析和推导得出其内含的10种分布曲线,以适用于不同气候区水文极值的分布特征。

P-Ⅲ型分布的密度函数为(詹道江,2000):

$$f(Q) = \frac{\beta^{\alpha}}{\Gamma(\alpha)}(Q - a_0)^{\alpha-1} e^{-\beta(Q-a_0)} \tag{1-1}$$

其分布函数为:

$$F(Q) = \frac{\beta^{\alpha}}{\Gamma(\alpha)}\int_{a_0}^{Q}(Q - a_0)^{(\alpha-1)} e^{-\beta(Q-a_0)} dQ \tag{1-2}$$

以上两式中:

$$\alpha = \frac{4}{C_s^2} \qquad \beta = \frac{2}{xC_vC_s} \qquad a_0 = \overline{Q}(1 - 2\frac{C_v}{C_s}) \tag{1-3}$$

式中，$\Gamma(\alpha) = \int_0^{\infty} e^{-x} x^{\alpha-1} dx$ 为 α 的伽玛函数；$\overline{Q} = \dfrac{\alpha}{\beta} + a_0$ 为均值；$C_v = \sqrt{\alpha}/(\alpha + \beta a_0)$ 为变差系数；$C_s = 2/\sqrt{\alpha}$ 为偏态系数。

线型确定以后，就是参数估计问题。在 P－Ⅲ型密度曲线中含有三个参数：α、β、a_0，这三个参数又由系列均值 $\overline{Q}$、变差系数 C_v 和偏态系数 C_s 唯一确定，因此寻求 P－Ⅲ型分布函数的问题实质上就是如何从现有资料中最优估计系列的 $\overline{Q}$、C_v、C_s 的问题。在水文风险分析中，国内外学者对参数估计问题作了大量的研究，先后提出了矩法、权函数法（马秀峰，1984）、数值积分权函数法（刘光文，1990）、极大似然法、概率权重矩法（Greenwood J A，1979）、适线法（金光炎，1990）、模糊权函数法以及统计实验法（丛树铮，1988）及对权函数法的最新改进——单权函数数值积分逼近算法（马秀峰，2001）等方法。

矩法是数理统计中惯用的参数估计方法，其主要特点是计算简单，但统计特性较差，其有效性几乎是最低的，当样本容量较小时更是如此。在采用传统矩法估计 P－Ⅲ型分布的参数时误差较大。基于矩法误差产生的原因，马秀峰于 1984 年提出并使用了权函数法，其实质是用一、二阶权函数矩来推求三阶矩或参数 C_s，这样就会收到降阶及加权平差的效果（马秀峰，2001），从而大大减低求矩误差。刘光文（1986）指出该方法的不足是：对 C_v 仍采用矩法的计算结果，权函数法只解决了 C_s 一个参数的计算，未能全面解决皮尔逊Ⅲ型分布参数的计算问题。基于这一见解，有关学者又相继提出了数值积分单权函数法和数值积分双权函数法（刘光文，1990），把数值积分引进了权函数法，掀起了研究权函数法的热潮，促进了这一学术研究的发展。李松仕（1991）又给出了权函数法在不连续系列（即样本中含有若干历史特大值）条件下的计算公式。这一系列研究，使权函数法达到实用水平，并纳入我国设计洪水计算规范。直到最近，仍有学者在寻求新的双权函数算法。马秀峰、阮本清（2001）最近经过进一步的研究认为“计算水文频率参数的权函数法”（马秀峰，1984）从思想认识到计算手段存在如下不足：其提出的用权函数法求 C_s，用矩法求 C_v 的主张，只注重提高 C_s 的计算精度，而忽略了用矩法求 C_v 的误差，即认为一个权函数只能解决一个参数的计算问题;且受计算手段限制,该文献没有将求解超越函数的方法推荐为解决问题的主要手段,因而也未能提出用一个权函数全面解决皮尔逊Ⅲ型分布参数计算的问题。针对上述问题,他们提出了只用一个权函数全面解决皮尔逊Ⅲ型分布参数问题的算法,简称"单权函数数值积分逼近算法",并对"数值积分双权函数法"进行了改进。改进后用理想样本计算千年一遇设计值,在同等条件下,双权函数法精度最高,单权积分逼近法的精度次之,两者都能满足实用要求,而数值积分矩法精度最差,不能满足实用要求。

概率权重矩法是1979年美国Greenwood等人提出的一种新的参数估计方法,应用于耿贝尔分布(Gumbek)、广义极值分布和威克比(Wakeby)分布的参数估计,具有较好的统计特性。1988年宋德敦、丁晶(1988)等人成功地将概率权重矩法应用于P-Ⅲ型分布的参数估计,通过统计实验法论证了概率权重矩法在估计P-Ⅲ型分布统计参数中具有较好的统计特性。但是由于未能结合水文现象的安全因素进行论证,难以使人断定该法用于实测水文系列参数估计的结果是否合格。

适线法在我国得到广泛的应用,主要有目估适线法和计算机优化适线法。为了合理确定实现准则和相应的经验频率公式,丛树铮等对此作了大量的水文统计实验研究,邱林在1992年提出以经验点据对理想最优频率曲线隶属度为权重的模糊加权优化适线法。

除此之外,P-Ⅲ型分布参数的估计方法还有朱元甡(1991)等提出的以纵坐标期望值$P\{E(x_m)\}$为绘点位置的"动点动线"适线法,Adamowski(1985)提出的非参数核估计法,夏乐天提出的密度函数法等,这些函数法都具有一定的理论意义,是对水文频率计算的一种新尝试。

1.2.2 基于水文风险的水资源规划调度研究进展

水文现象的随机性表现出某种统计规律,因此人们能够通过修建一定标准的水利工程来达到利用和控制水资源的目的。在众多的水利工程中最为典型的便是水库,水库的规划设计涉及对水文规律的认识问题,水库的优化运行同样涉及对水文规律的认识问题。为反映水库的运行过程就需要建立一定的数学模型，根据模型特点和求解方式，可分为线性规划、非线性规划、动态规划和模拟技术等；根据对输入输出信息决策的处理不同，又可分为确定型模型和随机性模型。所谓随机性优化模型主要包括两方面的任务，即来水、用水随机性的描述和随机优化调度模型的求解。在这种模型中，未来的来水、用水被描述成一种随机过程，而该过程的统计参数是从历史样本中得到的，随机性模型可用来确定水库的运行规划，结合预报也可用来制订水库调度方案对水库进行实时调度（谢崇宝，1995）。

Croley（1974）根据描述径流随机性的方法不同而把随机优化调度模型归纳为两种类型，一种是采用概率分析方法描述径流随机性的最优调度模型，称为显性随机优化调度，如随机动态规划调度；另一种是采用统计模拟法描述径流随机性的最优调度模型，称为隐性随机优化调度，其实质是利用时间序列原理和方法生成未来较长系列的来水、用水系列，采用确定型模型，建立水库的优化调度模型，因为生成的来水、用水系列在一定程度上间接地反映了来水、用水的随机性，隐随机因此得名，如利用 Monte carlo 方法寻求水库的优化运行策略就属于这一类型。确定型模型和随机性模型的主要区别表现在对输入信息的处理方式上，确定型模型以历史资料系列代替未来的来水情况，而随机性模型则根据历史资料分析其统计规律，以概率方式或生成方式来描述未来的水文情况。确定型模型和随机性模型在水资源系统中并不是严格区分的，供应水资源的降雨径流和地下水固然服从于难以预测的变化，而需求、价格和其他经济因素的随机性也十分重要。因此，从本质上看水资源规划问题是属于随机规划模型的范畴。从数学角度来看，对于某些问题，其约束条件或目标函数的系数或模型所包含的参数是随机变量时，它就是随机规划模型。但是由于确定型模型具有减小模型计算复杂性的优点，因此当系统变量或参数具有随机特性时常力求把"冒险"和"不确定性"的概念引入规划问题中，并用各种办法产生一个等价的确定性规划问题。水资源系统规划和运行的求解方式大致有四类（谢崇宝，1995）：线性规划（包括机遇约束线性规划、随机线性规划等）、动态规划（包括增量动态规划、离散微分动态规划、随机动态规划、可靠性约束动态规划、微分动态规划、双状态动态规划和渐进优化法(POA))、非线性规划及模拟技术等。

由于水资源规划和调度问题很复杂,往往一个总的规划中包含有不同的目标范围、模型和时间。在这种情况下就不存在单一数学模型,于是一组相互连接的数学模型就最有用。这些模型常是将某一模型的输出作为另一模型的输入,或两个模型并列地同时使用、同时计算。当然几个模型如何连接要根据问题的特性专门研究。

1.2.3 水资源利用中风险分析的研究进展

(1)在水资源系统风险与可靠性度量指标研究方面:Nazar A M(1981)等较早定义了风险表征的量化指标。Fiering M B(1982)建立了一个筛选模型量化水资源系统的可恢复性指标,介绍了11种关于系统可恢复性量度的定义。Goicoechea A等(1982)提出了一种在水资源工程收益—成本分析中考虑风险和不确定性的方法。Hashimoto T(1982)提出了可靠性、可恢复性、脆弱性3个评价指标,从数学上加以了定义。L. Duckstein(1993)等在《水资源工程可靠性与风险》一书的绪论部分比较全面地定义了水资源系统风险分析的性能指标和质量指标。在国内,冯平(1998)把风险分析方法用于干旱期水资源管理,结合潘家口水库给出了相应的风险、可靠性、可恢复性和易损性等风险指标,并据此提出了干旱期供水系统的风险管理措施。在此基础上,邢大韦等(1999)对关中地区水资源工程的供水风险进行了分析。

(2)在供用水系统运行管理风险分析研究方面:Bargiela A等(1989)以MC法、优化法和敏感性矩阵分析法对配水系统中的遥测水压和流量的不确定性进行了研究。Fujiwala O(1993)等以Markov链对供水系统的可靠性进行了评估。阮本清等(2000)以黄河下游沿黄地区供用水系统为例,对由于水文现象的随机影响而带来的风险进行了研究。王道席(2000)从来水和用水不确定性角度分析了黄河下游水量调度风险,建立了水量调度风险分析模型。梁忠民(2001)对南水北调中线工程的供水量进行风险分析计算,得出了各供水区供水量的概率分布函数及其参数,同时根据已有的研究成果,在适当考虑水源区水资源利用情况以及供水区当地各种水源合理调度等主要影响因素的基础上,采用多变量AR(1)随机模型,对中线工程水源区的可调水量及各供水区的缺水量进行联合模拟研究,并由模拟的长序列进行供需意义上的供水量风险计算。另外,徐宗学(1998)等也对区域的供水风险进行了研究,提出了若干风险度量的指标。

(3)在水库运行管理的风险分析研究方面:Moy (1986)等引入了易损性和可恢复性量度指标。洪家宁(1994)通过对来水、来沙的随机模拟和水库冲淤计算,分析了水库泥沙淤积量的风险度。梁川(1994)以极差分析法进行防洪调度风险评估。冯平等(1995)研究了汛限水位对防洪和发电的影响,通过风险效益比较定量给出了合理的汛限水位。谢崇宝等(1997)分析了水库防洪风险计算中水文、水流及水位库容关系的不确定性,研究了水库防洪全面风险率模型应用问题。傅湘等(1998)用系统分析方法建立了大型水库汛限水位风险分析模型。田峰巍等(1998)提出了依据典型联合概率分布函数的风险决策方法。

1.2.4 水文水资源系统风险决策的研究进展

对于水文水资源系统的风险决策研究更多的则集中在防洪系统的风险决策方面(P. Latinopoulos,2002),而对于水资源短缺的风险决策则鲜见报道。从水资源系统风险决策的发展过程来看,一般是先探讨单目标的风险决策问题,然后才是多目标的风险决策问题,直到研究信息不完备情况下的水资源风险型决策。

国外对风险问题的研究具有一定的深度和广度。1983年Molostvov V S(1983)讨论了不确定性下的多判据优化概念和充分条件,其中多值向量函数的极值点、鞍点和均衡点及其充分条件的理论研究成果是相当重要的。Simonovic S P等(1982)研究了多用途水库管理问题的可靠度规划问题。Colorni A等(1976)对洪水和干旱两个可靠度约束的单目标优化问题作过讨论。Goicoechea A等(1979)研究了不确定性下的多个目标情形,并把折中法应用到5个目标函数和5组决策变量问题之中。Haimes Y Y(1985)曾研究过将风险和不确定性集结考虑的多目标规划方法,并提出过分段多目标风险分析方法和多目标多阶段影响分析法,该方法适用于多阶段和多个目标不可公度的问题;还在对风险效益进行分析时提出了代用风险函数的概念。这些都对多目标风险决策学科的发展起到了一定的积极作用。另外,也有人试图利用社会科学原理去认识和处理极值事件,以达到减灾增效的目的。

在水资源风险问题研究方面已取得初步成果的国内著名专家有叶秉如、朱元甡、冯尚友等,他们都有论文及专著发表或出版。叶秉如对机遇约束法的原理及其求解方法进行了具体的研究和应用。朱元甡(1990)在研究洪水风险的基础上,提出洪泛区洪灾风险分析和管理的风险综合分析方法,并对长江南京段进行了防洪效益计算,其中曾综合考虑过安全水位和演算误差两种因子带来的风险估计问题。胡振鹏、冯尚友(1989)对水库防洪、发电和灌溉三目标问题采用分解聚合方法建立了多目标风险分析模型系统,其中洪灾风险分析是与防洪标准联系起来考虑的,而其他目标则引用保证率的概念加以考虑,具体处理多目标问题时是将向量优化问题转化为多维状态单目标规划问题。徐宗学(1988)曾以随机点过程理论为依据导出具有成丛特征的洪水风险率计算的两种模型,即 GPP 模型和 GPB 模型。近年来方道南(1999)、傅湘、王丽萍(2001)对水资源系统的多目标风险决策也进行了一些理论和应用研究。国内还有郭仲伟(1986)和言茂松(1989)对风险决策原理作过较详细的阐述。

尽管对水资源系统中风险分析的研究取得了许多可喜的进展和成果,但水资源系统风险分析无论在理论上、方法上,还是在应用上都远未达到完善的程度。一些基本问题如风险的确切概念,还有待进一步探讨;水资源多目标风险管理基本理论体系的研究、风险损失函数,尤其是涉及社会质量、政治、生态环境和工业损失指标等的研究还有待深入;决策者及政府可接受的风险标准,水资源系统中各类风险的分布及其动态演变规律,风险分析在具体工程实践中的应用、作用和进一步推广等问题都值得研究。

对水资源短缺风险的研究远远落后于对防洪风险的研究,而且这种研究还没有系统化,在水资源短缺问题越来越严重的今天,需要对其进行系统深入的研究。

1.3 研究区概况

1.3.1 研究区范围界定及自然概况

首都圈位于东经115°20′~118°03′、北纬38°33′~41°05′之间,在华北大平原的西北部,总面积为28 105 km^2,其行政区划包括北京和天津两个直辖市。北京市面积为16 800 km^2,其中西北部和东北部是山区,面积为10 400 km^2,约占总面积的62%;东南郊是平原,面积为6 400 km^2,约占总面积的38%。天津市面积为11 305 km^2。

位于华北地区的首都圈,受大气环流影响,年内温差大,四季分明,春季干旱多风,夏季炎热多雨,秋季凉爽晴朗,冬季寒冷干燥,属于温带大陆性季风气候。冬季受蒙古高压影响,盛行偏北风,天气晴朗而少雨;夏季处于大陆热低压范围内,盛行太平洋的东南气流和印度洋的西南气流,多阴雨天。

以北京气象台资料为准,全年平均气温11~12 ℃,极端最高气温42.6 ℃(1942年6月5日),极端最低气温-27.4 ℃(1966年2月22日)。山前迎风坡多年平均降水量在700 mm以上,为高值区;南部平原和背山区递减为600~450 mm,全市多年平均降水量在590 mm左右。降水量集中在汛期6~9月,约占全年降水量的80%以上。全市多年平均蒸发量为1 000~1 300 mm。

首都圈地区分布有蓟运河、潮白河、北运河、永定河、大清河五大河系,除北运河发源于北京外,其他四河系均发源于河北、山西和内蒙古。五条水系皆属海河流域,经天津市汇入海河。

1.3.2 研究区社会经济概况

首都圈不仅是全国的政治和文化中心所在地,也是我国北方重要的经济核心地区,经济实力雄厚,发展前景广阔。北京市是全国的政治、文化和交通中心,2000年人口1 382万人,人均GDP为17 936.03元,位居全国第二,为全国人均GDP的2.6倍。其经济结构特征为第三产业比较发达,占国内生产总值的58.3%,属于工业化城市型经济,并且具有全国领先的智力优势和较高的人口素质。北京有比较完整的工业生产结构，工业中重工业所占比重较大，形成了以机械、电子、化工、纺织、冶金为支柱的工业结构。天津市地处首都圈地区的东部，2000 年人口 1 001 万，人均 GDP 为 16 377.22 元，居全国第三位，是中国北方重要的交通枢纽和北方第一大贸易港口城市。天津市有丰富的自然资源，为中国自然矿物富集区，且是中国最大的煤炭生产基地之一，富产优质海盐，境内大港油田和渤海油田是中国著名的油气田区，北部山区有蓟玉煤田，并蕴藏着各类金属和非金属矿藏 20 多种。天津具有肥沃的土壤和平坦的海岸滩涂，拥有丰富的各种农业、水产和其他生物资源。天津是华北的重要交通枢纽，是重要的出关通道，是山西能源基地的外运通道和中国北方地区的外贸通道，是蒙古人民共和国与亚太地区进出口贸易的一个重要口岸，也是经阿拉山口的欧亚大陆桥中国段内具有最短线路的东方桥头堡。经过 40 多年的发展，天津已经建立了较为完整的工业结构，形成了机械、纺织、化学、电子及通讯设备、电器机械及器材、黑色金属冶炼及压延、金属制品、交通运输机械、食品饮料、化纤等 10 个支柱行业。

1.3.3 首都圈在国家发展进程中的战略地位

1.3.3.1 首都圈经济社会安全在全国具有举足轻重的地位

(1) 首都圈是全国政治中心，这主要体现在北京的首都功能上。北京是大部分国家政府机构和国外驻华机构的所在地，也是许多国际组织地区性派出机构的所在地，是国际交往中心之一。首都圈安全在国家安全中具有最重要的地位，在东北亚稳定中举足轻重，也是亚洲甚至世界稳定和安全的重要支撑点之一。

(2) 首都圈是全国的经济中心，这体现在京津两市的经济容量和经济发展水平上，见表 1-2。

(3) 首都圈是全国的金融中心，北京独特的区位特点是促进金融业发展的特有优势。北京是国家的宏观调控中心、金融决策和监管中心、资金调配中心，国内金融机构云集，有许多国外金融机构在北京设立了代表处和分支机构。世界著名的投资银行在北京均设有代表处和分公司，而上海的投资银行虽然在总数上比北京多（北京有 26 家，上海有 38 家，深圳 6 家，全国共 70 家），但这些投资银行往往将北京作为中国区决策和管理的中心。

表 1-2 首都圈地区经济情况

地区	面积(km^2)	人口(万)	国内生产总值(亿元)	人均国内生产总值(元/人)	工业总产值(亿元)
北京市	16 800	1 382	2 478.76	17 936.03	2 565.38
天津市	11 305	1 001	1 639.36	16 377.22	2 606.38
首都圈	28 105	2 383	4 118.12	17 281.24	5 171.76
全国	9 600 000	129 533	89 403.6	6 901.99	85 673.66
首都圈占全国比例	0.3%	1.8%	4.6%	250.4%	6.0%

注:根据 2000 年中国统计年鉴整理计算。

(4)首都圈是全国重要的交通中心,全国有 8 亿以上的人口可在一天内乘坐火车或汽车到达首都圈地区,该地区还有很多航线与国内和国际大都市联系在一起。天津港是中国北方最大的综合性贸易港口,拥有全国最大的集装箱码头,有 75 个港口泊位,其中有 49 个万吨级以上泊位,与世界上 170 多个国家和地区的 300 多个港口保持着贸易往来。1999 年港口货物吞吐量达 7 297.6 万 t。

首都圈是全国的科技文化中心,从政府部门来看,属研究与开发机构及科技信息与文献机构;从人员数来看,单是北京的该类机构约是上海的两倍,科技活动从业人员是上海的 6 倍多,占全国总数的 55% 以上。

像开发深圳使得珠江三角洲、开发上海浦东使长江三角洲先后成为开放和经济发展中心一样,2008 年北京奥运会的举办标志着首都圈将成为开放和经济发展的中心。

总之,首都圈社会经济安全在国家生活中占有最重要的地位,是国家社会经济安全的关键所系。

1.3.3.2 复杂水资源问题的解决对国家可持续发展具有示范作用和决定性影响

首都圈水资源问题极其复杂,水多、水少、水脏、水浑、水乱都很严重，尤其是水少、水脏、水乱。

首先是水少，首都圈的来水主要有由两部分组成，一是当地产水，二是入境水。当地产水的特点是总量少且出现明显的衰减，人均少、时空分布不均，经常出现连续干旱和连续枯水。随着上游地区经济社会的发展及降雨径流条件的变化，首都圈地区入境水量呈明显的衰减趋势。首都圈地区水资源短缺的形势已非常严峻，水资源供给条件越来越恶劣。

其次是水脏，北京市 81 条河流 2 150 km 长的河段中，有 56% 的河段水体和近一半的平原地下水受到污染，城市下游河道多为劣 V 类水体。永定河三家店以下河段常年干涸，已成为风沙源；北运河、通惠河、凉水河成为城市排污河道。天津市每年不得不使用当地和北京市、河北省 7 亿 m^3 水质不合格的水源，绝大多数河流污染严重，海河干流需要补充滦河水才能维持起码的景观。从水源地来看，供水水源地污染也日趋严重。北京地表水供水量的 66% 来自官厅和密云两大水库，官厅水库上游 96% 的河段受到不同程度的污染，水质劣于 V 类，1997 年已丧失饮用水功能。密云水库上游由于小铁矿、酿酒等高污染企业的发展，水质也呈明显下降趋势。据预测，如果不采取有力措施，密云水库将在 5 ~ 8 年内变成第二个官厅水库。引滦水曾是全国大中城市中水质最好的水源之一，但随着上游地区及水库周边经济的发展，污染源逐年增加，近几年，水库的入库断面乌龙矶站水质经常为超 V 类，使引滦的水质也受到严重威胁。

首都圈地区地表、地下水体污染极其严重，关系居民日常生活的水源地污染形势十分严峻。这加剧了缺水危机，降低了城市供水的水量和水质安全性，同时也增加了供水成本。

再次，首都圈地区水资源管理混乱，管理体制存在条块分割、相互制约、职责交叉、权属不清等弊端。水源地不管供水，供水不管排水，排水不管治污，治污不管回用。

还有，首都圈水资源问题的复杂性还体现在某些非规律现象上。一是产水的非规律性，1980 年和 1999 年北京市都属于极度枯水年，降水分别为 382 mm 和 373 mm，其上一年降水也差别不大，1979 年和

1998 年降水分别为 655 mm 和 687 mm，但 1980 年和 1999 年北京市水资源总量分别为 20.02 亿 m^3 和 14.22 亿 m^3，差别达 5.8 亿 m^3，这可能与人类活动对下垫面的改造影响到水资源的循环和转化有关。二是水资源开发的非规律性，北京市在 1995、1996 年两个连续丰水年中，地下水开采量并没有比特枯的 1997 年少，均在 25 亿 m^3 左右。三是用水的非规律性，2003 年是一个丰水年，但缺水却异常严重，9 月将不得不从册田水库应急调水 4 000 万 m^3。

首都圈地区面临的复杂水资源问题的解决对该地区可持续发展至关重要，对其他地区水资源问题的解决具有示范作用。同时由于该地区在国家的重要地位，可以说首都圈水资源问题的解决对国家可持续发展战略目标的实现具有决定性影响。

1.3.3.3　首都圈是我国生态环境建设和保护的重点地区

随着经济社会的高速发展，首都圈城市人口急剧增加、建设规模不断扩大，用水量增长过快，而在发展中未能兼顾人口、资源、环境的协调一致，没有坚持量水而行、量水发展的原则，从而导致首都圈因国民经济用水挤占生态环境用水而造成的严重生态环境问题。水土流失、水体污染、湿地退缩、沙尘暴频频光顾，这严重影响着首都圈人民的正常生活质量和国家的发展大计，成为一个不容忽视的问题。

鉴于生态环境现状，在《国民经济和社会发展“十五”计划纲要》中，党中央、国务院明确提出了要加强生态建设，保护和治理环境。在确定的生态建设和环境保护的重点地区和重点项目中，环京津生态圈建设被列入其中，这为首都圈的水资源的合理配置提出了明确的要求。

1998 年北京市的污染防治工作被列为国家重点环保工作(即“33211”工程)后，制订实施了“目标和对策”，并不断取得进展。申办 2008 年奥运会期间，北京市又向国际奥委会和国际社会做出了迅速改善城市环境质量的庄严承诺，确立了“绿色奥运、科技奥运、人文奥运”的承办主题，说明首都圈地区的生态环境建设和保护具有相当深远的意义，而生态环境建设和水资源的关系则是不言而喻的。

首都圈的环境安全是水安全的一项重要内容，只有在水资源有效保障下首都圈同时具备社会安全、经济安全和生态安全，首都圈的水安全才能说是有保障的，首都圈的人口、资源、环境才是协调发展的，首都圈的发展才是可持续的。

以上分析说明，首都圈地区在我国21世纪的可持续发展中具有全局性和决定性的地位和作用，同时该地区也受到复杂水资源问题的严重困扰，如何解决好首都圈的水安全问题，建立安全高效的水资源保障体系对首都圈而言意义重大同时影响深远。

1.3.4 首都圈水资源基础条件及其主要特点

1.3.4.1 水资源基础条件

首都圈位于华北地区，受大气环流影响属于温带大陆性季风气候，冬季受蒙古高压影响，盛行偏北风，天气晴朗而少雨；夏季处于大陆热低压范围内，盛行太平洋的东南气流和印度洋的西南气流，而多阴雨天。年内温差大，四季分明，春季干旱多风，夏季炎热多雨，秋季凉爽晴朗，冬季寒冷干燥。

北京市境内年均降水总量97.98亿m^3，当地自产天然水资源总量为37.68亿m^3。受水汽补充条件和地理位置、地形等条件的影响，境内降水具有时空分布不均、丰枯交替发生等特点。丰枯连续出现的时间一般为2~3年，最长连丰年可达6年，连枯年可达9年，历史记载最长枯水期为20年。北京汛期集中了全年降水量的85%，往往形成洪涝灾害，在非汛期由于降水少和用水量大造成水资源短缺。北京市多年平均（1985~2000年）入境水量11.50亿m^3，多年平均（1985~2000年）出境水量16.26亿m^3。入境水量是北京市地表水可利用量的重要组成部分，但入境水量水质受上游地区水资源开发利用的影响较大。

天津市境内年均降水总量65.31亿m^3，当地自产天然水资源总量13.93亿m^3，入境水量（1985~2000年）25.5亿m^3，是全国人均水资源占有量最少的省市之一，天津和北京一样都属于资源性缺水和人口压力性缺水的特大型城市。天津多年平均入海水量为46.4亿m^3，20世纪50~90年代，入海水量衰减幅度达89%左右，90年代由于1996年海河南系发生大洪水，入海水量有所回升，但仍低于多年平均入海水量。

1.3.4.2　河流水系

首都圈处于海河流域，主要分布有蓟运河、潮白河、北运河、永定河、大清河五大河系，另外子牙河系也从天津入海，但其位于首都圈境内的河段只是人工开挖的子牙新河。除北运河发源于北京外，其他四河系均发源于河北、山西和内蒙古。五条水系皆属海河流域，五条水系经天津市汇入海河。首都圈河流水系见图1-1。

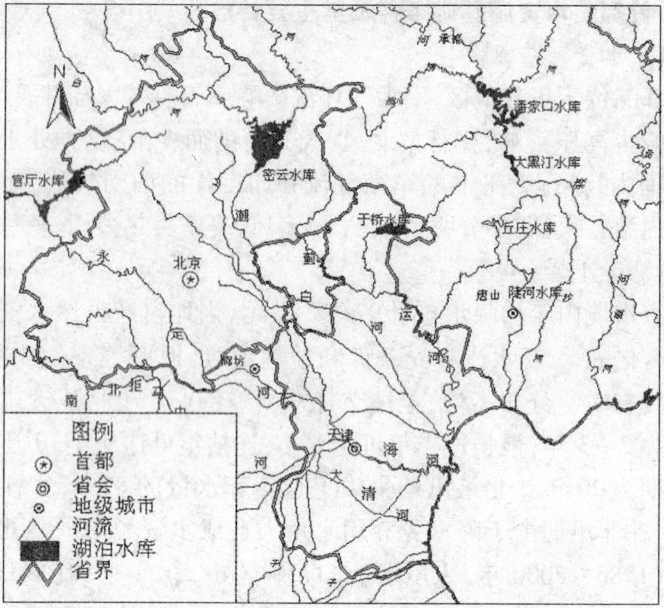

图1-1　首都圈河流水系

1）北三河

蓟运河、潮白河、北运河通常称为北三河。北三河位于海河流域北部的永定河、滦河之间，流域面积35 808 km^2，其中山区 22 115 km^2，平原 13 693 km^2。

北运河发源于北京市昌平县北部山区，通县北关闸以上称温榆河，北关闸以下始称北运河，南流纳通惠河、凉水河、风港减河等平原河道，至土门楼经青龙湾减河入潮白新河。河道干流总长 142.7 km。

潮白河由潮河、白河两大支流组成，均发源于河北省沽源县南，在密云县以南汇合始称潮白河，至香河吴村闸潮白河长度为284 km；吴村闸以下称潮白新河，至宁车沽闸汇入永定新河，潮白新河河道长度为183 km。

蓟运河主要支流有泃河、州河和还乡河，州、泃两河发源于河北省兴隆县，于九王庄汇合后始称蓟运河。还乡河发源于河北省迁西县，蓟运河至阎庄纳入还乡河（分洪道），南流至北塘汇入永定新河入海。蓟运河干流长度为157 km。

2）永定河

永定河是海河流域北系一条主要河道，上游有桑干河、洋河两大支流，分别发源于内蒙古高原的南缘和山西高原的北部，两河在河北省怀来县朱官屯汇合后称永定河，流域总面积4.7万 km^2，其中官厅以上流域面积4.34万 km^2，官厅到三家店为官厅山峡，区间面积1 600 km^2，三家店以下为中下游地区，集水面积近0.20万 km^2。

永定河自三家店以下河道全长200 km左右，分为三家店—卢沟桥段、卢沟桥—梁各庄段、永定河泛区段和永定新河段等四段。永定河泛区出口屈家店以下大部分洪水由永定新河入海，小部分洪水经北运河入海河干流。永定新河于大张庄以下纳北京排污河、金钟河、潮白新河和蓟运河，于北塘入海。

3）大清河

大清河流域位于海河流域中部，西起太行山，东临渤海湾，北邻永定河，南界子牙河，流域面积4.31万 km^2。大清河水系中上游分为南、北两支。北支主要支流有小清河、琉璃河、拒马河、中易水等。拒马河在张坊以下又分流成南、北拒马河，小清河、北拒马河在东茨村汇流后称白沟河，南拒马河在北河店纳中易水后，在白沟镇与白沟河汇流。以下大部分洪水由新盖房分洪道入东淀，少量经白沟引河入白洋淀。白沟镇以上流域面积1.02万 km^2，其中张坊以上0.43万 km^2。

大清河南支主要支流有瀑河、漕河、府河、唐河、潴龙河等，各河均汇入白洋淀，流域面积2.10万 km^2。南北两支洪水在东淀汇流后，分别经海河和独流减河入海。除东淀外，主要滞洪洼淀还有文安洼、贾口洼、团泊洼、唐家洼等。

4）海河干流

海河干流自西向东横贯天津市区，西起金钢桥，东到海河闸，全长72 km，为大清河的入海尾闾（兼泄北运河、永定河、子牙河、南运河的少量洪水），并泄天津市沥水。海河干流原为潮汐河道，自1958年建海河闸后，变为泄洪、防潮、蓄淡、排沥的多功能河道。

首都圈各河系的具体情况见表1-3。

表1-3　首都圈地区主要河流河长、流域面积

河系	河名	河长（km）	流域面积（km^2）	备注
北三河系	潮白河	467	19 354	至宁车沽防潮闸
	北运河	238	6 166	
	蓟运河	316	10 288	
永定河系	洋河	278	16 933	
	桑干河	437	26 547	
	永定河	747	47 016	
大清河系	北支	303	10 151	至新盖房闸
	南支	336	24 054	至枣林庄闸
	大清河	483	43 060	至工农兵闸

注：资料来源于海河流域规划概要。

1.3.4.3　水资源的主要特点

1）降雨量年内年际变化大

本区降雨量中约80%集中在汛期（6～9月），非汛期降雨量很少，而汛期降雨量又多集中在7、8月；年际间丰枯悬殊，根据45年（1956～2000年）降雨量统计，区内多年平均降雨量为582 mm，最大值为1959年的866 mm，最小值为1999年的360 mm，最大值为最小值的2.4倍。北京市最大值为1956年的955 mm，最小值为1965年的366 mm，最大值为最小值的2.6倍。天津市最大值为1964年的949 mm，最小值为1999年的347 mm，最大值为最小值的2.7倍。外围来水量年际变化也很大，根据1985～2000年入境水量系列，北京市入境水量最大值为

1996 年的 25.10 亿 m^3,最小值为 1999 年的 5.79 亿 m^3,最大值是最小值的 4.3 倍;天津市入境水量最大值为 1996 年的 67.70 亿 m^3,最小值为 1993 年的 15.70 亿 m^3,最大值是最小值的 4.3 倍。

2)当地水资源在地区分布不均

水资源在地区分布不均,总的是山前水资源条件较好,沿海地区水资源缺乏。全区多年平均水资源量约为 51.6 亿 m^3。根据 2000 年水资源总量和人口数据,北京市 2000 年人均水资源量为 132 m^3,天津市仅为 35m^3。地表水主要分布在山区,例如北京市地表水资源量为 20.36 亿 m^3,其中山区达 14.04 亿 m^3,占 69.0%。而用水集中的平原区仅有 6.32 亿 m^3,占 31.0%。

3)各河入境水量日趋减少

各河入境水量是该区主要水源,由于各河系上游地区工农业的发展,用水不断增加,致使各河入首都圈地区的水量显著减少,例如永定河官厅水库入库水量 20 世纪 70 年代比 50 年代少了约 11 亿 m^3。

4)各河径流丰枯呈同步变化

蓟运河、潮白河、永定河、大清河、北运河几大水系山区径流丰、枯同步几率较大,根据 1956~1984 年各年各河流径流系列,五条河中有四条河处于相邻两级(如丰、偏丰或丰、枯)等级之中达 20 年,占总年数的 69%;1956、1958、1959、1964、1973、1977 年各河普遍为丰水年,而 1961、1965、1968、1971、1972 年各河普遍为偏枯年,特别是 1980~1984 年五条河中除潮白河 1982 年为偏丰年外,其他各河各年普遍为偏枯年。由于各河径流丰枯基本上呈同步变化,一旦发生干旱往往是圈区域性的。

5)连续枯水段较为常见

1970~1972、1980~1984、1999~2000 年为枯水年,流入本区的各河基本上都发生连续枯水段。永定河历史上曾发生长达 8 年之久的枯水段(1929~1937 年)。北京市连续出现枯水的频率也较高,最长连枯 9 年,天津 20 世纪 60 年代以后已出现 5 次连续枯水年。和本区供水相关的水库中只有密云水库和潘家口水库能进行多年调节,遇连续丰水,大量弃水不能为枯水年所用,遇枯水年水量严重不足,特别是连续枯水年，造成严重缺水。

1.3.5 首都圈水资源面临的重大问题与挑战

1.3.5.1 水资源短缺形势严峻

按照引起缺水的原因分类，可将缺水分为资源型缺水、工程型缺水、水质型缺水和管理型缺水。首都圈地区主要的缺水类型为资源型缺水，同时其他缺水类型也不同程度的存在。

北京市是世界上严重缺水的大城市之一，当地水资源的人均占有量约 300 m^3（如不考虑外来人口，则为不足 400 m^3），是世界人均水资源量的 1/30。根据国际人口行动组织提出的“持续水——人口和可更新水的供给前景”报告所确定的水资源紧缺评价指标的标准（见表 1-1），北京地区的水资源远远低于国际公认的人均 1 000 m^3 的下限，属极度缺水地区，水资源问题已成为影响和制约北京经济社会发展的主要因素。

新中国成立以来，北京地区多次出现比较严重的用水危机。特别是 20 世纪 80 年代初期连续 5 年枯水导致的水资源危机，对北京发展造成了极为严重的影响。为了缓解北京的水资源危机，国务院果断采取行政措施，做出了密云水库不再向天津、河北供水的决策。相邻省市为确保北京用水做出了重大贡献，也付出了巨大代价。北京市政府也积极采取了计划用水、节约用水和调整产业结构等多种措施，克服水资源紧缺的重重困难，一定程度上缓解了北京市的水供需矛盾。但现状的表面平衡是以牺牲相邻地区的利益、牺牲环境和制约发展为代价的，并没有从根本上解决首都的水资源紧缺问题。

天津人均水资源占有量仅为 139 m^3，与北京相比，水资源短缺形势更加严重。20 世纪 50 年代开始的海河流域开发活动，在海河上游兴建了大中小型水库达 19 000 余座，有效地控制了山区的绝大部分洪水。下游又开挖和扩挖了独流减河、永定新河、潮白新河、子牙新河、章卫新河等，这一方面使海河的防洪能力大幅度提高。但是，另一方面由于上游的大量拦蓄水源，以及用水量的不断增加，加之 20 世纪 70 年代和 80 年代初期，天津曾出现了 1970 ~ 1972、1974 ~ 1976、1980 ~ 1984 年的连续枯水年，上游来水逐年减少，导致天津的水资源变得越来越匮乏。长期的缺水危机，给人民生活、经济建设、生态环境造成了严重影响。为了维持生活、生产的最低用水需求，不得不大量超采浅层地下水及深层地下水，造成地下水位迅速下降，并引起地面下沉，年均沉降达92 mm，由此造成严重的地质灾害影响深远，危害巨大。由于缺水，天津曾多次错过了引进工业项目的机会，造成经济发展缺乏后劲，城市和工业用水被迫挤占农业用水，导致农业实用生活污水灌溉面积日益扩大，污水灌溉作物严重影响着人民的身体健康。

1.3.5.2　水环境状况令人堪忧

首都圈水环境污染源主要来自工业废水和城市生活污水，农村畜禽养殖业污水排放，以及农业非点源污染等。2000 年北京市废污水总排放量为13.55 亿t，其中生活污水为7.76 亿t，污水排放率为76%；工业污水为5.79 亿t，污水排放率为64%，化肥平均使用量26 kg/亩，农药平均使用量1 kg/亩。2000 年天津市废水排放单位8 054 家，污水排放总量(含生活)59 951 万t，COD 排放总量18.62 万t，氨氮排放总量5.1 万t，城市生活污水处理率49.9%，工业废水处理率100%，达标率98.6%。2000 年天津市农村生活、畜禽、化肥流失所产生的氨氮排放量占全市总排放量的81.8%，COD 排放量占全市总排放量的43.2%。

2000 年对北京全市79 条河2 095km 的河段监测，符合相应功能水质要求的仅有20 条河段，其长度占所测河流长度的41.6%，有58.4%的河长超标。Ⅱ类、Ⅲ类、Ⅳ类、Ⅴ类水体中超标河段长度分别占到水功能区划要求相应功能河段长度的23.7%、33.8%、92.0%和100%。北京当年监测湖泊19 个，水质不达标的12 个，不达标湖泊库容占监测总库容的40.5%。

2000 年对密云水库和官厅水库水质的监测表明，密云水库属Ⅱ类，营养化程度属中营养，官厅水库水质为Ⅳ类，营养化程度也属中营养。

天津2000 年评价河长259 km，其中Ⅱ类、Ⅲ类、Ⅳ类、Ⅴ类水、劣Ⅴ类水质河长占评价河长的百分比分别为0、0、71.4%、20.5%和8.1%。在57 个考核的水体监测断面中，只有18 个断面达到水环境功能区相应标准，除引滦入津饮用水源水质达到Ⅲ类标准(达标率

91.7%),海河干流水系的海河(二道闸以上)、津河、卫津河、北运河(屈家店闸下)等城市景观河道水质基本达到V类标准,达标率95.84%,其他均为劣V类水体,满足不了水体使用功能的要求。

自1971年起,北京市地下水开采量逐年增加。1961~1995年平原区地下水储量共减少39.56亿m^3,其中1981~1995年平原区地下水储量减少18.54亿m^3。城近郊区地下水年开采量在7亿~9亿m^3,大大超过了年可开采量6亿m^3的标准,地下水超采严重。北京市严重超采区和一般超采区面积共2 660 km^2,占平原区面积的41.5%。天津2000年地下水位下降区面积达1 470 km^2,蓄水变量达-1.65亿m^3。地下水储存量日益亏损,导致一系列环境地质问题,如地下水硬度超标、地面沉降等。2000年首都圈平原区地下水水位降落漏斗见表1-4。

表1-4 2000年部分平原区地下水水位降落漏斗状况

	漏斗名称	漏斗性质	漏斗中心位置	漏斗面积(km^2)			漏斗中心地下水埋深(m)		
				上年末	当年末	年增减值	上年末	当年末	年增减
北京	市中心区漏斗	深层	将台路—米各庄	1 756	2 293	537	33.95	34.65	0.70
天津	第Ⅱ含水组漏斗	深层	红旗轴承厂	112	226	114	64.98	62.58	-2.40
	第Ⅲ含水组漏斗	深层	李楼	314	338	24	105.70	107.38	1.68
	第Ⅳ含水组漏斗	深层	工农联盟农场	377	371	-6	111.00	105.74	-5.26
	第Ⅴ含水组漏斗	深层	西青区雷庄村西	384	379	-5	102.42	104.55	2.13
	第三系含水组漏斗	深层	石化二期				94.16	98.36	4.20

注:资料来源于中国水资源公报,2000。

据北京市水文总站2000年对全市14个区县的40眼井的监测资料显示,符合Ⅲ类水质标准的井24眼,占总监测井数的60%;符合Ⅳ类水质标准的井9眼,占22%;符合Ⅴ类水质标准的井7眼,占18%。从监测资料分析,超Ⅲ类水质标准的主要污染物为总硬度、矿化度、混浊氨、氨氮等。

1.3.5.3 洪水风险依然存在

首都圈北部和西部为内蒙古高原和山西高原,东南部为华北平原,燕山和太行山绵延于平原的北部和西部,形成一道屏障,使得海洋暖湿气流在山前停滞聚集,对流域暴雨洪水的形成和分布产生显著影响。首都圈地区山区和平原之间几乎直接相连,丘陵过渡段很短,河流一出山口即进入华北平原。平原地势大致由西南向东北倾斜,大部分地区海拔在 50 m 以下,平原区地形变化复杂,垅岗坡洼纵横交错,平原地区排洪排涝困难。

首都圈区域山区地形陡峻,植被度差,暴雨强度大,洪水类型主要为暴雨洪水。根据暴雨的时间和尺度,该区域的暴雨类型为短历时局地性大暴雨、中等历时区域性大暴雨、长历时大范围的持续性降雨,而其中又有若干次较强的暴雨过程和无明显大暴雨过程的区域内全汛期多次降雨。与暴雨特点对应,区域的洪水类型主要有:骤发型局地洪水、中等历时区域性洪水和长历时大范围的洪水。

由于暴雨及地形特征,首都圈地区成为我国洪水灾害较为严重的地区之一,历史上每遇大洪水或特大洪水,广大平原地区常形成绵延数百里的洪泛区。20 世纪首都圈地区发生的最大洪水为海河北系 1939 年洪水和海河南系 1963 年洪水。对于首都圈区域而言,防洪风险研究更多的是依据 1939 年型洪水。

首都圈各主要河流的洪水特征如下。

(1)潮白河:潮白河与滦河水系相邻,其河流特征也与滦河相近,但河流出山口向北凹入,比滦河靠北约一个纬度。密云站 1939 年的洪峰流量为 10 650 m^3/s,为系列的首位洪水,合 125 ~ 150 年一遇。其相应的标准面积洪峰流量只相当于滦县站首位洪水的一半左右,可见此河的洪水较滦河小。

潮白河的洪水虽小于滦河,但在海河水系的北四河中还是首屈一指的。历史上此河出山口后无正式的入海河道,一旦洪水涨发,往往夺取其他三河的河道入海,全无控制,造成水灾,因此在历史上是一条有名的害河。现已建有多年调节的密云水库,下游又新开潮白新河入海通道,河流洪水已得到控制。

(2)永定河:官厅以上集水面积 43 400 km^2,占永定河山区总面积的 98%,处于背风山区。首位洪水发生在 1801 年,为 9 400 m^3/s,标准面积洪峰流量较潮白河小一半。该河产生洪水较小的主要原因是大暴雨一般只笼罩部分流域面积，同时上游高山、盆地相间的特殊地形，使洪峰随集水面积增大而增大的比率较一般河流小，有时甚至反而减少。官厅以下河流进入官厅山峡，山峡的集水面积为 1 700 km^2，只占永定河系山区面积的 2% 左右。山峡地处迎风山区，山高坡陡，遇大暴雨时能形成较大的洪峰流量。以 1929 年为例，官厅下游三家店的洪峰流量为 4 170 m^3/s，但相应的官厅流量只有 700 m^3/s，如不计上游洪峰的传播调蓄作用，则官厅至三家店山峡区间所形成的洪峰流量可达 3 470 m^3/s，其相应标准面积洪峰流量为 2 592 m^3/s，大于密云的首位洪水。

(3) 大清河：大清河山区面积 18 800 km^2，占大清河总面积的 42%，是海河水系各河系中山区面积比重较小的一条河流。大清河系由并联着十几条东西向的中小河流组成，其中以拒马河、唐河、沙河较大，此三河的集水面积共占河系山区总面积的 46%。大清河处于太行山迎风山区，有与官厅山峡相类似的产流、汇流条件。各河标准面积的可能最大洪峰流量均相当于或略大于官厅山峡的水平。三条较大河流系列首位洪水的标准面积洪峰流量为 5 000 ~ 8 000 m^3/s，其他较小河流为 5 000 ~ 10 000 m^3/s。由于并联各河的面积、河长、坡度、流域形状等条件的差异，因而同一场暴雨发生时各河洪峰流量出现的时间往往先后不一，同时各河洪水峰型较尖瘦，一般情况下，同一场暴雨所造成的各河洪峰流量并不遭遇（指出山口的时间而言）。

1.3.5.4 水资源管理有待加强

水管理体制的不合理使得本来有限的水资源不能得到充分有效的利用和保护，更加剧了水资源的危机。在我国，包括首都圈在内，水管理体制的不合理主要表现就是权力分散化，这是引起诸多水问题的原因之一。水资源管理权的分散主要体现在以下几个方面（曾思育、傅国伟，2001）：

(1) 中央和地方政府之间水管理权限的分散；

(2) 水资源的不同物理属性之间的分散如地下水、地表水的管理；

(3)不同管理功能之间的分散如水质、水量、供水和防洪的管理属不同部门；

(4)不同用水部门之间的管理权划分如农业、工业、居民生活用水管理等的分散；

(5)水管理决策权在政府领导人、技术分析人员和专职管理人员之间的分散。

管理权限的分散直接来源于水管理的多部门参与,水管理机构分散化的原因可以追溯到它的历史形成:针对特定的水问题而建立单一目标的水管理部门,例如城建部门对给水的管理,环保部门对水体质量的监督管理,水利部门对大江大河的管理。目前,与水相关的政策大多是在一种分散的方式和条件下设计并发展起来的。例如,灌溉和大型水利项目归于水利部门,城市给水由城建部门负责,而水环境由环保部门管理。这些部门之间常常互不沟通,甚至有很大的矛盾冲突。在这种分散状态下,科学合理且有效的水管理措施是不易出台的。管理机构和权限的分散化给管理水资源带来的最根本的缺陷是低效。各个管理实体之间的重复、冲突以及不一致性成为低效的焦点。机构的分散给行动方案或管理措施的出台造成认识上和决策上的失误,限制了资源的合理利用,甚至产生极大的负面影响。只有当负责水管理的机构有效率时,水管理才是合理的。要迎接21世纪水管理的挑战,除了增强各机构的能力之外,还需要改善机构之间的关系,对这种关系加以管理和控制,以便使未来的水管理政策更为合理,政策实施更为有效,从根本上而言应尽早建立一体化的水务管理体制。如果缺乏对这种分散化现象的认识以及对各机构间关系的协调与管理,未来的水管理就不可能优化和高效。

首都圈的水资源管理体制形成的条块分割、相互制约、职责交叉、权属不清也甚为严重,造成“水源地不管供水,供水不管排水,排水不管治污,治污不管回用”的管理脱节问题。由于水管理权不统一,使得各管水部门依据自身的管理职能开展工作,没有形成协调统一的水资源管理体制。

根据1995年北京市政府和天津市政府有关的职责划分,各部门在水资源管理上的具体职责为:市水利局是全市水行政主管部门,负责全市地表水和农用地下水的管理;市地质矿产局负责全市地下水的勘探和储量评估;市规划局负责市区地下水的开采审批;市公用局负责市区地下水的使用管理、城镇节水工作和城市供水管理;市政工程管理处负责城市污水排放设施和污水处理设施的管理;市环境保护局负责全市水环境保护工作,并对水污染防治实施统一管理。

可见,水资源管理名义上是统一管理与分级、分部门管理相结合,但是,水资源宏观统一管理的功能依然非常薄弱,基本上处于资源管理分割的局面,主要表现为:地表水与地下水管理分割、城镇用水与农村用水分割、自备井与管网分割、净水与污水管理分离。由于水资源在管理上分属不同的职能部门管理,各部门受本部门利益和局限性的影响,在制定政策、法规、规划时缺乏统一的考虑与协调,主要表现在缺乏统一规划、缺乏全面合理的技术、缺乏统一的法规体系。这种分散管理的现状与政企分开的要求也是背道而驰的,主要表现在政企不分、政事不分、管干不分。由于水管理权不统一,使得各管水部门依据自身的管理职能开展工作,没有形成协调统一的水资源管理体制,无法保证实现长远规划、综合开发、有效保护、高效利用水资源的目标。

水资源管理还存在着其他一些不合理现象,主要是供水价格和污水处理费长期偏低,水费收入低于运行成本,供水企业难以为继,污水处理不能正常运行。一方面是城市供水需求和水环境质量要求不断提高,另一方面是水资源开发、保护和管理投入严重不足,缺少必要的财力支持。水资源稀缺性与水价格的低廉性并存,导致用水浪费和低效用水,同时也不利于外来水、当地水和地下水的统一调配利用,实现水资源的合理配置。

随着经济发展,这种水资源管理长期以来表现为多龙管水的分散状态以及水价偏离市场价格的不合理状态,影响了水资源的优化配置,限制了节约用水和地表水回灌、地表水与地下水联调等措施的贯彻落实。

1.4 本书研究框架

1.4.1 主要研究内容

对区域水资源短缺的风险管理研究应该包括水资源系统的风险概述、水资源短缺的风险因子辨识、水资源短缺的风险分析和量化、水资源短缺的经济损失评估、水资源短缺风险评价、水资源短缺的风险管理措施研究和水资源短缺的风险决策，还可以进行区域水资源短缺风险的控制标准研究。

水资源短缺风险管理研究涉及资源、环境、社会、经济等系统，是一个复杂的大系统决策和管理问题。在研究中涉及的相关内容有水资源宏观经济模型、水资源需水预测模型和水资源系统模拟模型等，对水资源风险管理研究的具体内容则包括水资源风险分析模型、水资源经济损失模型、水资源风险决策模型和水资源风险管理模型等。水资源系统风险管理研究的各组成部分以及所涉及的各模型之间的关系见图 1-2。

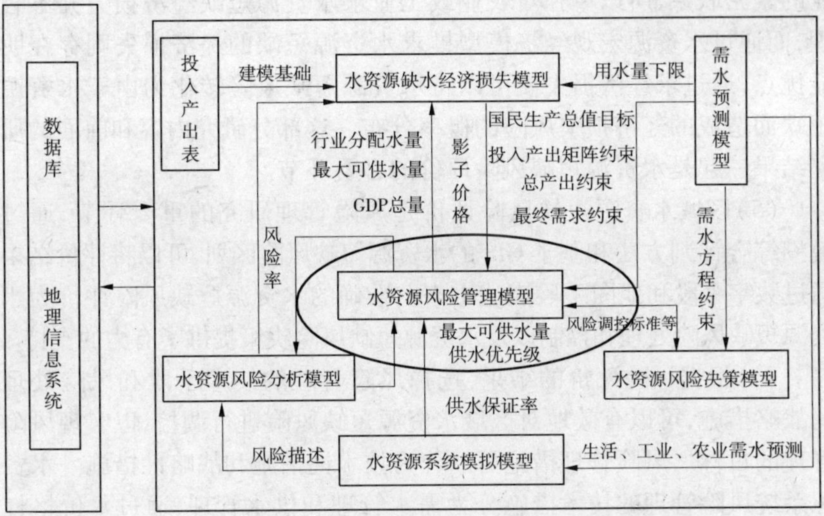

图 1-2 水资源系统风险管理内容

水资源短缺风险管理研究的主要内容有：

(1)建立水资源短缺风险研究的基本框架，对水资源短缺风险进行定义，同时给出水资源短缺风险评价的性能指标，还需要对水资源短缺风险管理研究的主要问题进行罗列，为后面各部分研究内容的展开奠定基础。

(2)采用一定的风险识别方法对水资源系统所涉及的风险因子进行识别，重点识别造成水资源短缺的风险因子，找出风险之所在和引起风险的主要因素，并对其后果做出定性的估计。这是风险分析的前提条件。

(3)对水资源短缺风险进行量化(即风险分析)，风险分析是风险管理研究的核心内容，本书采用水资源模拟模型对水资源系统的来水和供水进行仿真调度，然后运用概率论和数理统计方法，对风险发生的概率做出定量的估计。这为水资源短缺风险的客观评价和风险造成的经济损失评估创造了条件，同时也是风险决策的基础。

(4)对于水资源短缺所造成的经济损失情况，由于国民经济各行业的紧密联系，所以单独对农业或工业求水资源短缺经济损失并不合理，而通过水资源宏观经济模型推求水资源短缺的经济损失则存在明显优点，通过求经济损失便可以将水资源短缺风险转化为由于水资源短缺而造成的经济损失风险的概率分布。这部分研究内容和前面的研究结果一起是水资源短缺风险评价的必要环节。

(5)区域水资源短缺风险评价是风险管理研究的重要环节，通过模糊综合评判方法和基于 GIS 的水资源短缺风险区划，可以将评价结果通过数字手段和地图手段表达出来。准确的水资源短缺风险评价为水资源短缺风险处理和控制以及水资源短缺风险决策提供了有力的支持。

(6)根据风险评价的结果，选择风险管理的技术手段和风险处理的战略措施，可以有效地对区域水资源短缺风险进行调控，以实现风险管理的目标。风险管理措施可以分为技术性措施和战略性措施。水资源系统风险管理的技术措施分为需水管理和供水管理，通过水价格杠杆、调整产业结构、调整分水比例等措施可以使得水资源短缺风险得到一定的缓解；对于战略性的水资源管理措施则包括建立水资源预警系统及水资源短缺危机的紧急预案等。

(7)在对风险进行了识别,作了风险估计及评价,对其提出了若干种可行的风险处理方案后,需要由决策者对各种处理方案可能导致的风险后果进行分析、做出决策,即决定采用哪一种风险处理的对策和方案。对风险决策的研究按其递进关系可以分单目标风险决策和多目标风险决策,考虑到决策主体的效用也可以引入效用概念对水资源避险方案进行决策。

(8)参照区域防洪标准制定的优化准则,可以对区域水资源短缺的风险控制标准进行初步研究,这不仅具有一定的理论意义,在水资源短缺问题越来越严重的我国同样也具有一定的现实意义。

1.4.2 研究框架

本书结构安排和主要研究内容如表1-5所示。

表1-5 全书结构安排及主要研究内容一览表

序号	题目名称	设置目的	主要内容
1	绪论	引出问题,提出研究思路	问题提出、研究动态、研究框架和研究思路
2	水资源系统风险概论	作为整个研究的共同基础,以便各章有共同语言	风险概念、性能指标、风险属性、风险分类、风险成本等风险管理概述
3	水资源短缺风险识别(辨识)	为风险分析创造条件	风险因子辨识、风险过程描述、风险因子关系描述等
4	水资源短缺风险分析	为风险损失计算和风险评价提供数据基础,同时为风险管理措施和风险决策提供数据支持	风险分析模型方法、供需分析模型、国民经济需水预测及缺水风险统计

续表 1-5

序号	题目名称	设置目的	主要内容
5	水资源短缺风险的经济损失评估	反映水资源短缺造成的经济损失情况，同时为区域水资源短缺风险区划及风险决策提供支持	水资源投入产出模型、水资源影子价格和水资源短缺经济损失计算
6	水资源短缺风险评价	反映区域水资源短缺风险程度，同时为因地制宜地选择风险管理措施提供支持	水资源短缺风险综合评价、水资源短缺风险区划
7	水资源短缺风险处理及调控	探讨水资源短缺风险的处理及调控措施，为水资源可持续利用提供技术手段和战略措施	水资源短缺风险处理的技术手段、水资源短缺风险调控的战略手段、水资源保障预警系统和应急方案预案
8	水资源短缺风险决策	研究水资源短缺风险管理方案的决策方法，为选择合理的区域水资源短缺风险管理方案提供技术手段	水资源短缺风险决策的单目标期望易损值法、效用期望值法和水资源短缺风险的多目标风险决策方法
9	水资源短缺风险控制标准初步研究	和防洪控制标准相似，初步尝试探讨水资源短缺风险控制标准的制定准则，为区域抗旱标准提供理论支持	区域水资源保障体系的水资源短缺风险控制标准确定、水资源短缺发生后的水资源调控准则研究
10	结语	系统总结研究成果，同时对研究中需要继续开展工作的地方进行展望	研究成果总结、研究动态展望

1.5 研究的思路和技术路线

1.5.1 研究思路

本研究项目是一个涉及自然、社会、经济、环境、水利等多学科的复杂的系统工程课题，需采用现代系统工程理论、宏观经济学理论、风险管理理论、模糊数学理论及各类计算机手段相结合的方法，借助各方面的专业知识，进行定性与定量相结合，微观与宏观相结合的思路才能得到有效的解决。本书研究的基本思路为:首先对区域水资源短缺风险建立研究框架,给出风险的概念和风险评价的性能指标;然后对区域水资源短缺风险进行量化(风险分析),在水资源短缺风险量化的基础上对其经济损失进行评估;在风险量化和风险经济损失评估的基础上对区域水资源短缺风险进行综合评价和区划;根据水资源短缺风险分析和评价结果可以进一步探讨风险管理的技术手段和调控策略;最后对水资源短缺风险管理进行决策;此外,本书还探讨了水资源短缺风险控制标准的制定。

1.5.2 技术路线

本书研究的技术路线如下:

(1)对研究区以往的有关研究资料进行调查收集并进行系统的整理,这些研究资料包括研究区的现状水资源条件评价、有关水资源规划、有关的社会经济预测模型和水资源供需分析成果等,对收集的资料进行一致性分析和辨别,使得本研究能够在已有研究的基础上进一步开展。

(2)水资源短缺风险分析。研究首都圈地区在未来规划水平年需水和现状水资源条件、现状水资源工程条件,以及现状水资源环境条件下的水资源风险问题。涉及的问题有水资源短缺风险识别、国民经济发展预测及需水预测、以现状水资源条件和现状供水能力为基础的供水预测、水资源供需平衡计算、缺水状态的分析和判别,以及水资源短缺风险及其发生概率分析等。

(3)水资源短缺风险评价。在水资源短缺风险分析的基础上对水资源短缺风险进行评价,水资源短缺风险评价所涉及的内容有水资源短缺经济损失评估和水资源短缺风险的综合评价和区划。水资源短缺经济损失评估采用水资源宏观经济模型方法;水资源短缺风险评价采用模糊综合评判方法;水资源短缺风险区划采用基于 GIS 的多指标综合方法。

(4)水资源系统风险调控和风险决策。避险措施包括风险管理的技术手段和风险管理的战略性措施,通过需水管理和供水管理的技术措施可以降低水资源短缺风险;同时对于水资源短缺危机的发生还应该有相应的战略性措施,包括建立区域水资源短缺预警系统和水资源短缺期的紧急预案等。针对区域水资源短缺风险可以拟定各种水资源短缺风险调控方案，在拟定了多个方案后，需要利用决策学原理对区域水资源短缺调控方案进行风险型决策，本次决策基于三个层次：首先研究期望值准则，采用决策树法对水资源系统进行单目标风险决策；在此基础上再研究在水资源系统风险决策中的效用期望值法；最后尝试对区域水资源系统进行多准则风险型决策。

(5)确定水资源系统水资源短缺风险控制标准。借鉴防洪标准的制定依据和优化制定方法，对区域水资源系统水资源短缺风险控制标准的制定思路进行研究。本书基于经济学中的供给与需求均衡原理，从两个方面尝试建立水资源系统的水资源短缺风险的最优控制标准理论，其一是针对整个区域水资源保障系统而言，另一个则是探讨在区域发生水资源短缺情况后应该采取什么样的工程措施和非工程措施来调控区域水资源短缺风险的准则。第一个问题的研究填补了国内在这方面研究的空白，而第二个问题的研究则是对当前水资源规划理论的必要补充，具有一定的理论意义，同时也具有一定的实际应用价值。

以上研究的技术路线如图 1-3 所示。

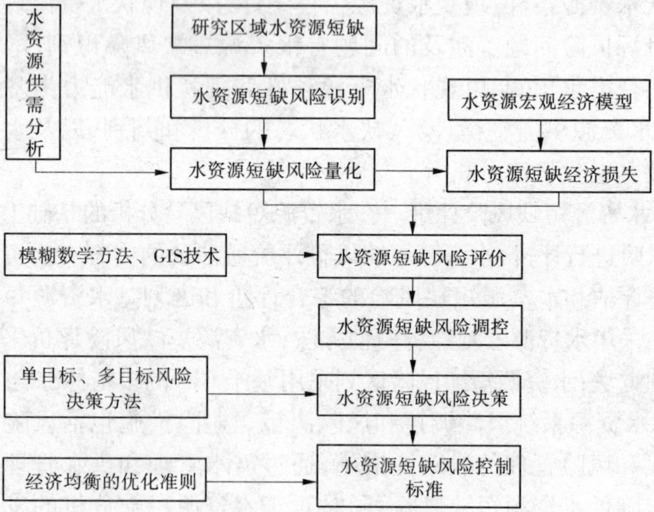

图 1-3 研究技术路线

1.6 小结

通过对当前水资源短缺问题态势的论述，点出本书研究内容的重要意义；在详细综述本研究领域的研究动态与存在问题的基础上，提出了本书的基本思路，同时也对本书的主要内容和研究框架进行了介绍；而研究思路和研究技术路线的论述又进一步说明了本研究的可行性。另外，本章对所研究对象首都圈的自然和社会经济概况也进行了论述。

第2章　水资源系统风险概论

本章在水资源风险定义的基础上，初步建立了一个水资源系统可靠性和风险性的系统框架，在系统框架构建中定义了描述水资源风险的性能指标，同时对水资源系统的风险属性和风险特性进行了描述；继而对水资源风险的分类、水资源风险的成本及其承担对象进行了探讨；最后对水资源风险管理的概念和基本程序进行了介绍。本章为以后各章内容的进行提供了一个共同的基础，以便各章有共同语言。

2.1　基本概念描述

2.1.1　水资源风险的定义

2.1.1.1　风险的一般概念

风险问题是个古老的问题，但风险学科的形成还是近30年的事情，还处于初级发展阶段，有许多问题有待深入研究。“风险”的字面意义是指生命伤亡与财产损失出现的可能性，意即风险总是和损失分不开的。但要为风险确切地下一个定义，却不是一件容易的事。关于风险的定义，国内外研究者存在着以下的不同见解：

(1)定义风险为损失机会和损失可能性(许谨良，1998)。它主要探讨了风险与损失之间的内在联系，强调损失发生的可能性，但并没有说明产生这种损失的可能性的大小以及造成损失的程度。因此，根据这种定义无法具体地衡量风险，只能定性地说明存在某种风险。

(2)定义风险为损失的不确定性(郭仲伟，1987)。损失不确定性认为损失的不确定程度可以用概率来描述，即风险是费用、损失或损害相关的不确定性。概率在0~1/2之间时，随着概率的增加，不确定性也随之增加；概率为1/2时，不确定性最大；概率在1/2~1之间时，随着概率数值的增加，不确定性随之减少；当概率为0或1时，不确定性事件转为确定性事件。

但必须明确风险与不确定性的区别,不确定性是指人们对未来某事件发生结果所持的怀疑态度,即人们难以准确预测未来事件发生的结果。风险虽然客观存在,但由于人们对客观世界的认识受到各种条件的限制,不可能准确预测风险的发生,从这个意义上说,风险是具有不确定性的。也就是说,风险的存在是客观的、确定的,而风险的发生是不确定的。然而决不能说,不确定性事件就是风险事件。

(3)定义风险为损失发生的概率(朱元甡,1992;吴世伟,1990;A. H S,Tang W H,1984)。按这种定义可以衡量风险事件出现的概率,但不能反映风险事件造成损失的程度。在对系统的可靠性评估中这种定义比较适用。

(4)定义风险为产生不利结果的剧烈程度及其发生的概率(Lowrance W W,1976)。这种定义包括了损失的程度和相应发生的概率。它将风险表示为事件发生的概率和损失的函数。可用下面的函数形式表示风险:

$$R = (\rho, l) \tag{2-1}$$

式中,ρ 为事件发生的概率;l 为事件发生带来的损失。

(5)定义风险为预期与实际结果变动性(于蕙春,1999;2000)。这种定义认为,风险是在一定条件下、一定时期内可能产生结果的变动。如果结果只有一种可能,不存在变动,风险为零;如果可能产生的结果有几种,则风险存在。可能产生的结果越多,变动越大,风险也就越大。预期结果和实际结果的变动,意味着猜测结果不一致或偏离。

(6)定义风险为风险事件与风险率两位一体(王建群,1994)。这种定义认为,在一定的时间内、一定的条件下,非期望的可能发生的事件称为风险事件(Risky Event),风险事件发生的概率称为风险率(Risky Event Probability),而风险就是上述的风险事件与风险率的两位一体。这种定义不仅注意到了风险所带来的损失也注意到了风险所带来的效益,实际上是投机风险的定义。

(7)风险的客观性和主观性。风险客观性是以风险客观存在为前提,以风险事故的观察为基础,以数学和统计观点加以定义,并认为风险的大小可用客观概率尺度测定。风险主观性强调风险损失的不确定性是主观的、个人的、心理上的一种观念，不确定性大小与人了解、估计风险的能力有关；它认为风险纯属个人对客观事物的主观估计，而不能以客观的尺度予以衡量。

2.1.1.2　水资源风险的定义

风险是由系统的不确定性因素引起的。由于水资源系统是一个开放的复杂的动态复合大系统及人类认识客观世界的局限性，水资源系统总是伴随着各种不确定性因素的困扰（薛年华，1993；张翔，2000；陈家琦，1997）。这些不确定性因素的来源可分为以下几个方面：①自然现象或有关随机过程的不确定性（如降雨径流的变化、来水过程、需水量等均具有较大的不确定性）；②社会现象的不确定性（如人口变化、经济发展、政治上的政策、战争等均具有不确定性）；③模型化的不确定性，模型参数估计不准确引起的不确定性（即人类认识客观世界的局限性）；④需求、效益和费用不能确切预知及运行后参数的变化引起的不确定性；⑤决策过程的不确定性。正是由于这些不确定性因素的存在，使得水资源系统不可避免地存在一定的风险。

与风险的一般概念一样，水资源系统风险的定义甚多。在随机水文学中，它被定义为一个失事事件发生的概率（罗高荣，1989）；在水资源工程经济分析评价中，风险是指当考虑特征指标的随机性时，工程在整个运用时间获取某一决策指标小于或大于某一规定值的可能性或概率（罗高荣，1989）；在水库调度中，风险被定义为“水库在调度、运行期间失事事件发生的可能性或概率和偏离正常状态或预期目标的程度”（黄强，1998）。概括起来，水资源系统风险泛指在特定的时空环境条件下，水资源系统中所发生的非期望事件及其发生的概率并由此产生的损失程度。具体讲，水资源系统的风险研究包括水资源系统本身运行的可靠性（相对于风险而言，是风险的对立面）研究，其研究的对象是风险事件的成因和风险事件出现的概率，以及假若水资源系统失事，潜在的对人类的财产、健康、心理以及生态环境构成不利影响或危害的程度，即用货币表示的失事事件造成的损失的概率分布。

为了用数学语言描述各种风险的共同性，本书引用 L. Duckstein 等对风险的定义（德克斯坦，1993）：即广义荷载 λ，广义抗力 ρ，事故模型

μ 和命题：当且仅当 $\lambda > \rho$ 时，事故 μ 发生，事故 μ 发生的概率就是系统所面临的风险。

2.1.1.3 水资源风险参变量描述

水资源系统是一个开放的复杂的巨系统，开展水资源系统风险的研究，不仅要考虑现在和将来各种可控和不可控的不确定因素对水资源系统的影响，也要考虑水资源系统本身对这些影响的反馈及水资源系统在这些输入影响下的输出情况。为此需要定义水资源系统风险管理研究的参变量。这些参变量是组成水资源短缺风险分析系统的必要成分，对系统的各分量（T、S、X、Y、F、G）定义如下（德克斯坦，1993）：

T：时间尺度（$j = 1,2,3,\cdots,t,\cdots,J$），其中 J 可以无穷大。

S：系统在时刻 j 的离散状态向量，该向量的各元素都属于集合 S，一般包含需水量、水质指标、累计缺水量和各种供水量以及水资源系统的物理特性如防洪堤、大坝等的抗力。

$X = (U, W)$：代表一系列可控单元 U 和不可控单元 W 组成的输入集或字符，可控单元包括由设计所确定的那些参数，如供水设施的供水能力、水库的各种设计参数、水处理设施的处理能力等，不可控单元则有水库的入流过程、社会经济的需水量、水资源工程的老化，以及其他一些未知的不确定因素的影响等。

Y：输出集，有时是代表比较多变的物理量。输出量一般有水库的放水量、供水设施的供水量、水资源系统的缺水量以及因为缺水、水质污染等造成的经济损失和人类健康损失等。

F：状态转移函数，它是根据以前的状态 $s(j)$ 和输入 $x(j)$ 计算 $j+1$ 时刻状态的函数。

$$s(j+1) = F(s(j), x(j)) \tag{2-2}$$

G：输出函数，它提供了根据当前输入 $x(j)$ 计算当前输出 $y(j)$ 的算法。

2.1.2 水资源风险的性能指标

2.1.2.1 风险和可靠性

根据风险理论，荷载是使研究系统“失事”的动力，而抗力则是研究对象抵抗“失事”的能力。如果把水资源系统的失事状态记为 $F \in$

$(\lambda > \rho)$，正常状态记为 $S \in (\lambda < \rho)$，那么水资源系统的风险为(Kenji Jinno,1995;冯平,1998)

$$r = P(\lambda > \rho) = P\{X_t \in F\} \tag{2-3}$$

式中，X_t 为水资源系统状态变量。

相应地，水资源系统的可靠性为：

$$a = P(\lambda < \rho) = P\{X_t \in S\} = 1 - r \tag{2-4}$$

如果对水资源系统的工作状态有长期的记录，可靠性也可以定义为水资源系统能够正常工作的时间与整个工作历时之比，即

$$a = \frac{1}{NS}\sum_{t=1}^{NS} I_t \tag{2-5}$$

式中，NS 为水资源系统工作的总历时；I_t 为水资源系统的状态变量。

$$I_t = \begin{cases} 1, \text{系统工作正常}(X_t \subset S) \\ 0, \text{系统失事}(X_t \subset F) \end{cases} \tag{2-6}$$

2.1.2.2　易损性

易损性是描述水资源系统失事损失平均严重程度的重要指标。为了定量表示系统的易损性，假定系统第 i 次失事的损失程度为 S_i，其相应的发生概率为 P_i，那么系统的易损性可表达为(冯平,1998)

$$\chi = E(S) = \sum_{i=1}^{NF} P_i S_i \tag{2-7}$$

式中，NF 为系统失事的总次数。

在供用水系统的风险分析中，可以用缺水量来描述系统水资源短缺失事的损失程度。类似洪水分析，在此假定 $P_1 = P_2 = \cdots, P_{NF} = 1/NF$，即不同缺水量的风险事件是同频率的，这样上式可写为

$$\chi = \frac{1}{NF}\sum_{i=1}^{NF} VE_i \tag{2-8}$$

式中，VE_i 为第 i 次失事事件的缺水量。上式说明水资源短缺事件的期望缺水量可以用来表示供水系统的易损性。并且为了消除需水量不同的影响，一般采用相对值，即

$$\chi = \sum_{i=1}^{NF} VE_i / \sum_{i=1}^{NF} VD_i \tag{2-9}$$

式中,VD_i 是第 i 次水资源短缺期的需水量。

如果 $VE_i = VD_i$,则$\chi = 1$,这表明供水系统无水可供,处于非常易损的状态;而当 $NF = 0$,有 $VE_i = 0$,则$\chi = 0$,这表明供水系统始终处于正常状态,没有出现干旱缺水现象,一般来讲,$0 \leqslant \chi \leqslant 1$。在一定的供水期间,干旱缺水量越大,供水系统的易损性也越大,即干旱的损失程度也越严重,这与实际情况是吻合的。

在水资源系统风险性能指标中的易损性指标相当于多年平均缺水率,这一点可以有力地反映水资源系统的风险水平。

2.1.2.3 事故周期(重现期)

事故周期是事件两次进入模式 F 之间的时间间隔,也叫平均重现期。今用 $d(\mu, n)$ 表示第 n 间隔时间的历时,则平均重现期为:

$$\omega = \frac{1}{N - 1}\sum_{n=1}^{N-1} d(\mu, n) \tag{2-10}$$

式中,$N = N(\mu)$ 是 $0 \sim t$ 时段内属于模式 F 的事故的数目。

2.1.2.4 可恢复性和恢复力

恢复性是描述系统从事故状态返回到正常状态的可能性,系统的恢复性高,表明该系统能较快地从事故状态转变为正常运行状态。因而它可以由如下的条件概率来定义

$$\beta = P(X_t \in S \mid X_{t-1} \in F) \tag{2-11}$$

为便于统计,可利用全概率公式把上式改写为

$$\beta = \frac{P \mid X_{t-1} \subset F, X_t \subset S \mid}{P \mid X_{t-1} \subset F \mid} \tag{2-12}$$

引入整数变量

$$\gamma_t = \begin{cases} 1, X_t \subset F \\ 0, X_t \subset S \end{cases} \tag{2-13}$$

及

$$Z_t = \begin{cases} 1, X_{t-1} \subset F, X_t \subset S \\ 0, \text{其他} \end{cases} \tag{2-14}$$

这样,由式(2-12)可得

$$\beta = \sum_{t=1}^{NS} Z_t \Big/ \sum_{t=1}^{NS} \gamma_t \tag{2-15}$$

记

$$T_{FS} = \sum_{t=1}^{NS} Z_t, T_F = \sum_{t=1}^{NS} \gamma_t \tag{2-16}$$

则有

$$\beta = \begin{cases} T_{FS}/T_F, T_F \neq 0 \\ 1, \quad T_F = 0 \end{cases} \tag{2-17}$$

从上式可以看出,当 $T_F = 0$,即水资源系统在整个历时一直处于正常工作状态,则 $\beta = 1$;而当 $T_{FS} = 0$,即水资源系统一直处于失事状态($T_F = NS$),则 $\beta = 0$。一般来讲,$0 < \beta < 1$,这表明水资源系统有时会处于失事状态,但有可能恢复正常状态。并且失事的历时越长,恢复性越小,也就是说水资源系统在经历了一个较长时期的失事之后,能转为正常状态是比较困难的。

2.1.2.5　风险扩散力和风险扩散度

系统的风险扩散力和风险扩散度,描述的是系统发生失事的危险性及潜在的风险压力。在供用水系统中风险的扩散力可以表示为

$$d_i = \overline{q}_t - P(X_t \subset NS)\overline{Q} \tag{2-18}$$

式中,$\overline{Q}$ 为现实人均用水定额;$P(X_t \subset NS)$ 为系统的可靠性概率;$\overline{q}_t$ 为标准人均用水定额。

由上式可以得知,当 $d_i(d_i > 0)$ 越大,表明水资源系统的风险扩散力越大,表明一种显现或潜在的风险扩散力;如果 $d_i = 0$,则无风险扩散力。

引入整数变量得:

$$Z_t = \begin{cases} 1, 当\ \overline{q}_t - P(X_t \subset NS)\overline{Q} > 0 \\ 0, 当\ \overline{q}_t - P(X_t \subset NS)\overline{Q} \leqslant 0 \end{cases} \tag{2-19}$$

则在时段 T 内的风险扩散度为

$$\widetilde{D} = \frac{1}{T}\sum_{t=1}^{T} d_i(t) \tag{2-20}$$

2.1.2.6　风险度(变差系数)

用概率分布的数学特征如标准差 σ 或半标准差 σ^-，可以说明风险的大小。σ 或 σ^- 越大则风险越大，反之越小。这是因为概率分布越分散，实际结果远离期望值的概率就越大(黄强，1998)。

$$\sigma = (D(X))^{1/2} = (\sum_{i=1}^{n}(X_i - E(X))^2/(n-1))^{1/2} \quad (2\text{-}21)$$

或

$$\sigma = (D(X))^{1/2} = (\sum_{i=1}^{n}(X_i - E(X))^2 \cdot P(X_i))^{1/2} \quad (2\text{-}22)$$

用 σ、σ^- 比较风险大小方法简单，概念明确，但 σ^- 为某一物理量的绝对量，当两个比较方案的期望值相差很大时，则可比性差，同时比较结果可能不准确。为了克服 σ^- 可比性差的不足，可用其相对量作为比较参数，该相对量定义为风险度 FD_i，即标准差与期望值的比值(也称变差系数)：

$$C_v = \sigma_i/E(X) = \sigma_i/\mu_i \quad (2\text{-}23)$$

风险度不同于风险率，前者的值可大于1，而后者只能小于等于1。

2.1.2.7　经济指标向量

经济指标是一个向量，其分量包括预期的投资、损耗和效益、利润率和流动资金等。

2.2　水资源系统风险的属性

现代水资源系统的风险研究是在水资源可持续利用前提下的一种管理活动，自然属性与社会属性并重、空间扩展和时间延伸性、复杂的多目标分析和其他与可持续性有关的问题是可持续水资源管理研究不同于传统水资源研究的特点，因而要实现水资源系统的可持续性必将涉及规划和运行管理，将面对比现行水资源管理更大的复杂性及更多的不确定性，如空间扩展带来的人类认识不足、时间延伸带来的长期预测的不确定性及模拟复杂系统的模型不确定性等。这些不确定因素的长期存在证明风险和不确定性是可持续研究和可持续水资源管理的本质特征。因此，水资源系统的风险属性包含客观属性和主观属性两部分。

2.2.1 客观属性

客观属性是自然界固有的或者人类社会发展所形成的影响水资源系统的不确定因素。这些不确定因素反映了水资源系统风险的自然属性、社会属性、空间扩展性、时间延伸性和多目标风险管理等特性(张翔,2000)。

(1)自然属性是指自然现象内在的随机性和不确定性,如地震、洪水、泥石流、降水、地表径流等,它们的发生受内在的不确定因素影响,使得人类无法准确预测和完全控制,这就构成了风险的自然属性。

(2)社会属性是指人类社会和经济活动的日益发展导致不确定因素增加,风险事件不断增多,如水污染风险、水资源短缺风险,构成了风险的社会属性。

(3)空间扩展性是指可持续水资源管理强调区域性和全球性,如考虑水资源系统规划对跨地区、跨流域或大陆尺度甚至全球气候变化的影响。空间的扩展必然导致不确定因素增多,风险分析更加复杂。

(4)时间延伸性是指可持续水资源管理需考虑系统长期变化规律,因此系统受自然、环境和社会经济变化的影响将加大,必然增大可持续水资源管理的风险和复杂性。

(5)多目标风险管理是指可持续水资源管理强调社会、经济、环境和资源等多目标的综合研究,在对不同目标进行定量和考虑决策者的偏好等过程中,风险管理的复杂性也随之增加。

2.2.2 主观属性

主观不确定性是由于研究者掌握的资料不够完备或分析研究手段的限制,对系统的认识不全面所造成的,主要表现为数学模型的结构、求解方法及模型中参数存在的不确定性(束龙仓,2000)。

2.2.2.1 模型方面

在模型的建立方面,主要指由于模型过于简化或水文社会经济调查中并未捕捉到系统的重要特征等而产生的不确定性。具体有以下几个方面的原因。

(1)模型概化是指在实际工作中,为了建立数学表达式(便于用已有的数学方法求解）和使得研究的问题趋于简化，模型往往简化了一些实际细节和求解条件从而引起不确定性。如地下水研究中的含水层大都为非均质各向异性，而有时被概化为非均质各向同性，甚至为均质各向同性。

(2)不正确的模型结构是指在建模过程中由于资料的限制或主观判断的失误往往使所建立的模型结构失真，也是造成主观不确定性的主要原因。

(3)外延时的异常情况是指在模型识别过程中，人们往往尽可能地多选择一些时段的资料来校正和验证模型。但是当模型用于预测时，其水文、气象、地质等条件常常与模型识别时的不同，甚至相差很大，这就造成模型外延时（即通常所指的预报）产生误差，从而引起模型的不确定性。

(4)还有一类是由求解过程所产生的计算误差，即模型求解过程中存在数值方法的截断误差、数值波动及不稳定等误差，由此造成解的不确定性。与其他主观不确定性引起的误差相比，这一类型的误差一般很小。

2.2.2.2 参数方面

参数方面的原因主要有以下几类情况。

(1)直接测量中的随机误差指测量仪器和观测技术的不完善，造成观测值不能精确反映真实值。如在抽水试验过程中对水位的测量和在水质分析过程中对离子浓度的测定等。

(2)系统误差即某一参数的真实值与观测值的平均差值，有时可产生客观的误差。原则上这部分误差是可以通过合理性分析，加强观测精度和密度等手段进行校正的，但是不能排除实际操作中可能由于主观判断的失误，仍然存在部分系统误差。

(3)抽样误差是指如在地下水资源评价中由于布置观测孔或试验井数量在时间、空间上均是有限的，因此利用在有限的几个点上进行的水文地质试验（包括抽水试验、注水试验、弥散试验等）确定的含水层参数和用模型源汇项中的其他参数来代替某个区甚至全区的参数，自然会产生误差。

(4)一致性误差是指由于观测期与预测期情况的变化,致使有关参数数值出现变化。

另外,受人类社会发展程度和科学技术水平的限制,在水资源系统的评价管理工作中,有一些事件是不可预测的。

2.3 水资源风险特性描述

水资源风险实际上是一个涉及到"人—自然—社会"的系统,如果失事事件对人类和社会不产生什么影响,那么就称不上风险事件。水资源风险事件的发生有以下两种模式:一种是风险因子的不确定性作用到水资源工程系统,水资源工程在一定程度上对这种不确定性进行调节,在超出工程调节能力的情况下有可能形成风险事件,风险事件形成后作用到人类社会经济系统并造成损失,那么最终的风险就形成了;另一种是风险因子直接作用到人类社会经济系统形成风险事件。无论哪种风险事件的形成模式都离不开风险因子系统和人类社会经济系统。

从系统论的观点来看,风险因子、水资源工程、人类社会经济相互作用,相互影响,相互联系,形成了一个具有一定结构、功能及特征的复杂体系,这就是水资源风险系统。图 2-1 描述了该系统的组成,概括起来,水资源风险系统具有以下几个方面的突出特点。

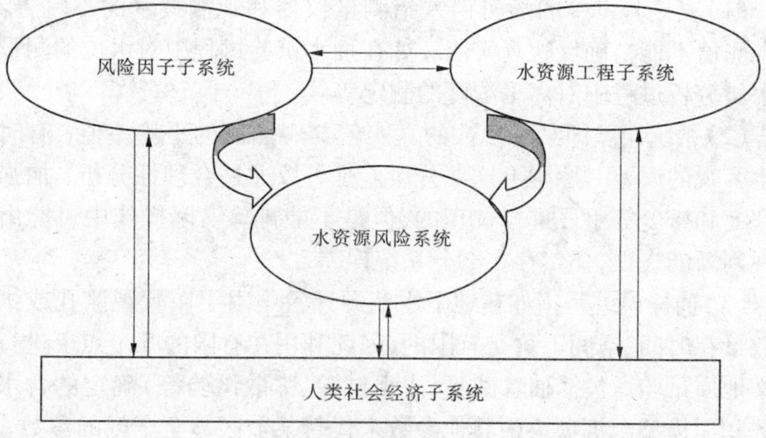

图 2-1 水资源风险系统示意图

2.3.1 系统组成的高维特性

水资源风险系统是由风险因子子系统、水资源工程子系统和人类社会经济子系统等子系统组成,而每一个子系统又包括其各自的子系统。例如,人类社会经济子系统又包括人类生活子系统、工业子系统、农业子系统等子系统。水资源工程子系统又包括蓄水工程子系统、提水工程子系统、引水工程子系统、水力发电子系统、输水工程子系统、配水工程子系统等。如此逐层分解,形成了水资源风险系统的庞大的层次结构。显然,水资源风险系统具有极高的维数。

2.3.2 系统的关联和复杂性

水资源风险系统内各个子系统或局部子系统之间相互作用,相互联系,形成了复杂的关联,这种关联的复杂性不仅表现在结构上,而且可以表现在内容上,它们可以是物质、能量或信息的关联,也就是说各子系统之间的关联的形成是多样的。例如,风险因子子系统实际上不仅包含水文风险因子,还包含水资源工程的水力风险因子、人类社会经济的各种不确定性造成的风险因子,还有人类认识客观世界的局限性造成的风险因子等。水资源工程对水资源系统的风险因子有调节的作用,有时可减小水文等风险因子的影响,有时由于不合理操作或其他原因,这种影响会被放大。人类社会不仅决定着水资源工程的规划和规模,还决定着对水资源工程的调度运行方式,这种作用往往表现为人类社会发展产生的水需求和人类为避免灾害而修建的水工程,同时由于水文风险、水力风险以及人类社会本身的诸多不确定性使得人类面临的水资源风险更加复杂。

2.3.3 系统影响因素繁多、层次不明确

水资源系统风险的形成受多种因素的影响,每一种因素又包含众多的表现形式,形成了系统内各因素之间复杂的因果表达关系,从而使得系统内部因素间因果层次关系不明确。例如,天然降雨的不确定性是水文风险的主要原因,但是同样是水文风险的河川径流的形成则与人类活动改造后的下垫面关系密切,又由于人类活动的影响使得天然降水也表现为时空分布的不同,由此形成的水资源系统风险的形式和规模也必然不同。

2.3.4 系统的不确定性

水资源风险系统不确定性概括起来，包括随机性、模糊性、灰色性与混沌性等方面的内容。

2.3.5 系统的开放性

水资源风险系统是一个“人—自然—社会”系统,这一系统不断地与其周围环境发生着物质能量和信息的交换,体现了这一系统的开放性。一方面,风险事件的形成,需要一定的条件。例如,它需要从其外部环境系统中得到能量、物质或信息,没有外部环境系统的作用,风险事件就不可能发生。另一方面,由于风险事件的发生,又对其外部环境系统产生影响,甚至产生或引起其他危害。例如,大气环流的不稳定,可以引起降雨的丰枯变化,降雨的丰枯变化引起河川径流的变化和人类对水需求量的变化,这些变化又可以导致人类超采地下水,其结果使得地面沉降,引发地质灾害。所以,水资源风险系统是一个开放系统。

2.3.6 系统的动态性

水资源风险系统随时间而不断地发生变化。这是由于它的周围环境系统不断地发生变化,引起了水资源风险系统的输入输出强度与性质不断地变化,并进一步引起水资源风险系统的结构与功能的变化,从而使系统呈现出显著的动态性。

2.3.7 系统的非线性

这就是指水资源风险系统的输出特征，对于输入特征的响应不具备线性叠加性质。例如，相同强度的风险事件，在经济发展水平相近的地域，其规模量级大小与损害数量程度方面具有一定的对应关系，但其由于不同地域的背景条件、人口密度、经济发展水平等方面存在差异,所以风险事件的规模和由此造成的损失之间不可能构成线性函数关系。

2.4 水资源风险的分类

为了深入、全面地认识水资源系统的风险,并有针对性地进行管理,有必要对风险进行分类。分类可以从不同的角度、根据不同的标准进行(卢有杰,1998)。

2.4.1 按风险的后果划分

按照后果的不同,风险可划分为纯粹风险和投机风险。

2.4.1.1 纯粹风险

不能带来机会、无获得利益可能的风险,叫纯粹风险。纯粹风险只有两种可能的后果:造成损失和不造成损失。纯粹风险造成的损失是绝对损失,纯粹风险不仅使活动主体蒙受了损失,也使全社会蒙受了损失,因为这种风险的发生没有人从中获得好处。纯粹风险总是和威胁、损失和不幸相联系。

2.4.1.2 投机风险

既可以带来机会、获得利益,又隐含威胁、造成损失的风险,叫投机风险。投机风险有三种可能的后果:造成损失、不造成损失和获得利益。投机风险可能使活动主体蒙受了损失,但全社会不一定也跟着受损失。相反,其他人甚至有可能因此而获得利益。这种风险的典型例子就是期货交易、股票交易。

纯粹风险和投机风险在一定条件下可以相互转化。这需要对风险进行全面的认识和提高风险管理的水平才能使纯粹风险向投机风险方向转化。

2.4.2 按风险的来源划分

按照风险来源或损失产生的原因可将风险划分为自然风险和人为风险。

2.4.2.1 自然风险

由于自然力的作用,造成财产损失或人员伤亡的风险属于自然风险。干旱和洪水造成的损失中自然风险的成分就占了主要位置。

2.4.2.2 人为风险

人为风险指由于人类活动而带来的风险。人为风险又可以分为行为风险、经济风险、技术风险、政治风险和组织风险等。

(1)行为风险是指由于个人或组织的过失行为造成的风险事件。例如由于水库调度人员的操作失误造成的人为洪水风险就属于行为风险。

(2)经济风险是指人们在从事经济活动中,由于经营管理不善、市场预测失误、价格不合理、供求关系波动等所导致的经济损失的风险。在水资源系统中经济风险面临着各种各样的原因,如水价的不合理、水管企业的经营不善、社会经济系统对水资源的需求和人类对水环境的要求发生变化等。在水资源工程的规划建设中同样面临着各种各样的经济风险,利率波动、工期的不确定性、天气系统的不确定性等都有可能对工程的经济风险形成影响。

(3)技术风险是指人们所采用的工程和管理技术带来的风险。例如由于采用不合理的水资源调配模型所造成的经济损失风险、由于采用不合理的管理技术和施工技术带来的水资源工程风险等。

(4)政治风险是指由于政治因素引起的风险。一些大型水利工程项目的上马需要政府部门的决策,而行政领导的主观看法以及政府的换届往往会对水资源工程造成一定的风险,在我国最典型的例子是三峡工程的上马需要全国人大的决策,南水北调工程则是另一个典型的例子。

(5)组织风险是指由于有关各方关系不协调以及其他不确定性而引起的风险。组织风险还包括组织内部的不同部门由于对项目的理解、态度和行动不一致而产生的风险。

2.4.3 按风险是否可管理划分

可管理的风险是指可以预测,并可采取相应措施加以控制的风险,反之,则为不可管理的风险。风险能否管理,取决于风险不确定性是否可以消除以及活动主体的管理水平。要消除风险的不确定性,就必须掌握有关的数据、资料和其他信息。随着数据、资料和其他信息的增加以及管理水平的提高,有些不可管理的风险就可以向可管理风险转化。

2.4.4 按风险影响范围划分

风险按影响范围划分,可以分为局部风险和总体风险。局部风险的影响范围小,而总体风险的影响范围大。局部风险和总体风险也是相对的,可以相互转化。例如对水库调度而言,发生弃水事故是局部风险,而如果调洪不利造成人为洪水事件,那么对区域来讲则是全局性总体风险。

2.4.5 按风险后果的承担者划分

如果按风险造成的损失的承担者来划分风险的话，则风险包括社会风险、居民风险、政府风险、企业风险、个人风险等。一场大的水资源风险事件的发生往往对社会、居民、政府、企业同时造成经济损失或人员伤亡，这时的风险由上述主体共同承担，例如洪水事件的发生、干旱或水资源短缺事件就是如此。

2.4.6 按风险的可预测性划分

按这种划分方法，风险可以分为已知风险、可预测风险和不可预测风险。

已知风险就是根据经验和已有知识人们可以知道的那些经常发生的，而且其后果可以预见的风险。可预测风险就是根据经验，可以预见其发生，但不可预见其后果的风险。不可预测风险就是有可能发生，但是其发生的可能性即使是最有经验的人亦不能预见的风险。

2.5 水资源风险成本及其承担对象

2.5.1 风险成本

风险事件造成的损失或减少的收益以及为防止风险事件发生而采取预防措施支付的费用，都构成了风险成本。风险成本包括直接经济损失、间接经济损失和非经济损失。还可以表现为有形成本、无形成本以及预防和控制风险的费用。

风险事件的直接后果是各种损失，而损失又是分层次的，剖析损失的构成，首先应当客观地界定有关损失的概念及其层次。损失，它是指人类社会或各组织团体、居民家庭及个人的各种既得利益或预期利益的丧失（马宗晋，1998）。在造成损失的风险事件方面，既可以是灾害风险（如各种自然灾害与人为事故），也可以是非灾害风险（如股市下跌、市场波动、信用风险等导致的利益损失），还可以是性质特殊的政治或军事风险（如战争、暴乱、罢工、起义等）。

在损失的后果方面，既可以是物质财富的丧失，也可以是社会利益、政治利益等的丧失；既可以是有形的经济损失，也可以是无形的精神痛苦或尊严的丧失等。在损失的利益方面，既可以是既得利益（包括前期利益与即期利益),也可以是预期利益或未来利益。可见,损失是一个包括了各种利益丧失的内涵与外延都十分广泛的概念。广义地讲,损失可以分为经济损失(或称为有形损失)和非经济损失(或称为无形损失、社会损失)(林均岐,2000)。

经济损失是指那些由风险事件造成的物质破坏所引起的、可以用经济指标来度量的损失(尹之潜,1995;陈秀万,1996),是人类社会或各种团体、居民家庭及个人的各种既得经济利益或预期利益的丧失。经济损失是可以通过价值尺度来反映并能够用货币计量来定义的一个概念,它又可分为直接经济损失和间接经济损失。非经济损失是指那些不可用经济指标来度量的、除经济损失之外的一切既得利益或预期利益的损失,如政治利益、社会利益的损失,人们心理和精神方面的损失,社会形象的损害等(王松,1999)。经济损失和非经济损失都是上述损失概念中的一个组成部分,它们作为损失概念的第二层次,共同构成了损失概念的内涵与外延。

2.5.1.1 直接经济损失

直接经济损失是指事件发生过程中,对各种客观存在的有形承受体破坏后造成的最初的、现场的经济损失,是静态的实物性损失(高庆华,1997)。如地震导致房屋倒塌、大火烧毁森林资源、农业减产损失等均属于直接经济损失,对这些经济损失而言,风险事件的发生是起决定性、支配性作用的原因。直接经济损失可以概括为人类创造的财富的损失、自然人的生命与健康的损失、自然资源的损失及相关费用损失等几项。

2.5.1.2 间接经济损失

间接经济损失是总经济损失中直接经济损失以外的经济损失,是风险事件引起的对经济的间接的影响,是一种深层次的经济损失,是直接经济损失的延伸或滞后反应。我们可以从以下四个方面对间接经济损失进行评估(黄渝祥,1994)。

(1)间接停减产损失:由于经济活动的关联性,生产单位、行业和部门有着紧密的投入—产出连锁关系。间接停减产损失的计量就是度量这种由直接停减产引起的、由于整个国民经济的连锁性而产生的进一步的停减产损失。

(2)中间投入积压增加的经济损失:由于生产的停滞,在整个国民经济中势必造成材料和半成品的积压增加,这种积压的增加造成资金占用增加的机会损失。

(3)投资溢价损失:对多数发展中经济而言,投资的资金相对不足,用于生产性投资的单位资金比用于消费的单位资金更有价值,其超出的部分称为溢价。风险事件(如灾害)后的恢复过程需要动用原来(如果没有灾害)可用于生产性投资的资金加以弥补。对投资溢价损失的计量就是度量这种由于财产补偿而引起生产性投资减少所产生的经济损失。

(4)相关费用损失:是不在上述直接损失项目范围内却又是人类社会必须支付的直接经济代价。如救灾损失、清理倒塌房屋费用等,我们把它归为间接经济损失。

2.5.1.3 非经济损失

非经济损失虽然并不表现为经济损失,但其负面影响仍然很大。它涉及以下几个方面(王松,1999):

(1)感情与心理上的创伤:它涉及道德价值、社会关注和生活质量等方面的复杂判断。例如,社会动乱、家庭和工作单位被摧毁、家庭生活的长期破坏等,以及由此带来的失业、忧虑、对健康和前途的信念破灭、对家庭成员的担心及专门的医护需要等。

(2)社会团体的损失:社会团体是通过社会的、经济的和感情的相互支持把人们联系在一起的机构。而风险事件会影响甚至中断这些联系,同样带来精神的痛苦和心灵的伤害。

(3)历史或社会特定形象的损害:由于风险事件的影响,可能损毁或破坏国家保护的历史文物、建筑物和名胜古迹,以及公园、自然景观、保护区等。

(4)声誉和政治上的影响:这一点,对于国家政府机构、公共机构和工商业集团等尤为重要,影响着其在国际、国内和特定区域的形象,并且是综合性的影响,而且可能导致经济形势恶化和发展格局的重新调整,乃至整个国民经济布局的变化。

(5)环境影响:风险事件特别是与环境有关的风险事件(如洪水、干旱、地震等)对环境有一定的影响,可以导致野生生物及其栖息地的丧失、水生生物及其在河边栖息地的丧失、河道与地域形态的极大改变、区域小气候、土壤覆盖、地下水变化以及各种景观的质量损害,这种影响不能从经济上定量描述。一般来讲,环境影响是指自然生态和人文资源特性的变化,它们是维护和丰富人类生活的基本支撑。

2.5.2 风险成本的承担对象

风险成本不仅要活动主体来承担,而且在很多情况下与项目活动有关的其他方面客观上也要负担一部分风险成本。例如洪水风险事件的发生,风险成本的负担不仅由个人,而且由政府、团体、社会来共同负担,其风险承担主体多样。水资源短缺风险的发生,其风险成本的承担更是包括人民生活、工业生产、农业生产、政府行为等方面。

2.6 水资源风险管理概述

2.6.1 风险管理的概念

2.6.1.1 起源和发展

风险管理(Risk Management)起源于美国。在20世纪50年代早期和中期,美国大公司发生的重大损失使高层决策者认识到风险管理的重要性。由于社会、法律、经济和技术的压力,风险管理研究在美国迅速开展起来。到70年代,风险管理的概念、原理和实践已从它的起源地美国传播到加拿大和欧洲、亚洲、拉丁美洲的一些国家(许谨良,1998)。风险管理的应用面进一步扩展,无论在社会经济领域还是在自然领域都取得了广泛而深入的应用,例如医学、经济学、保险学、政治科学、管理科学、心理学等。水资源研究领域中风险管理的广泛研究开展于20世纪70年代后期,并最早在美国水资源开发中得到应用。随后风险管理研究在防洪减灾、工程规划、水资源利用等领域得到了广泛的开展。

2.6.1.2 内涵与定义

风险管理是应用一般的管理原理去管理一个组织的资源和活动,并以合理的成本尽可能减少风险事件造成的损失和它对组织及其环境的不利影响。所谓水资源短缺风险管理则是应用风险管理的基本原理对区域水资源短缺风险进行管理,力求以区域可持续发展和水资源可持续利用为原则,最大可能地去减少区域的水资源短缺所造成的损失及其负面影响。

2.6.2 水资源风险管理的基本程序

水资源系统存在着各种各样的风险,其风险分析和评估的方法不尽相同,但其基本的模式是一致的,可归纳为定义系统问题、风险识别、风险分析(风险估算和评价)、风险处理和风险决策(见图2-2)。

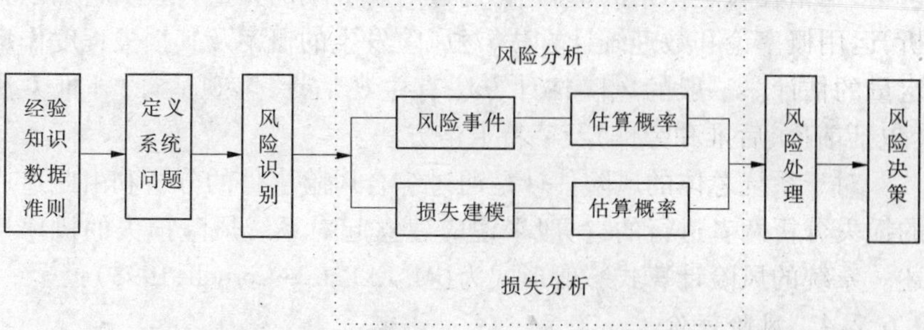

图2-2 水资源系统风险评估一般过程

2.6.2.1 系统定义

要研究一个系统,必须要了解该系统的功能、系统的组成以及系统运行的一般过程。此外,还应确定该系统与其他有关联的系统及物理环境之间的关系,也就是确定所研究系统的边界条件。在此基础上明确我们所要分析的系统及其面对的问题。

对于大型的复杂的系统,为使风险分析易于进行,可将大系统分解成若干子系统进行分析,先分析各子系统的风险,然后由各子系统的风险(概率分布)推求总系统的风险(概率分布)(秦炳军,1998)。如对一个大型水利工程方案进行经济效益风险分析时,依据系统的层次性和可分性,将经济效益指标总系统(净现值、效益费用比)分解成若干子系统(如发电效益、防洪效益、电站投资、大坝费用),先分析各子系统的风险,然后推求总系统的风险(赵宝璋,1990)。

2.6.2.2　风险识别

风险识别又称风险辨识，它是指通过对大量来源可靠的信息资料进行系统了解和分析，找出风险之所在和引起风险的主要因素，并对其后果作出定性的估计。一般的风险识别方法有分析方法（包括层次分解和事故树）、专家调查方法（包括头脑风暴法和德尔菲法）、幕景分析法及蒙特卡洛方法（张建中，1974）。

2.6.2.3　风险分析

风险估计与评价常常是风险分析的核心内容。风险估计又称风险衡量，是指在风险识别的基础上，通过对所收集的大量失事资料加以分析，运用概率论和数理统计方法，对风险发生的概率及其损失程度作出定量的估计。一般的风险估计方法有主观估计、客观估计、外推方法（包括前推、后推和旁推）及蒙特卡洛方法。

对于系统总体的风险估计是通过综合风险事件的分析和由此造成的损失分析两者进行的，一般来说应建立起对系统风险损失的概率描述。系统的风险计算式一般形式为（M. E. Pate - Cornell，1993）：

2.6.2.4　风险评价

风险评价是根据风险估计得出的风险发生概率和损失后果，把这两个因素结合起来考虑，用某一指标（如期望值、标准差、风险度等）决定其大小及其影响，再根据国家所规定的安全指标或公认的安全指标，去衡量风险的程度，以便确定风险是否需要处理和处理的程度。

2.6.2.5　风险处理与控制

风险处理与控制就是根据风险评价的结果，选择风险管理技术，以实现风险分析的目标。风险管理技术分为控制型技术和财务型技术。前者指避免、消除和减少意外事故发生的机会，限制已发生的损失继续扩大的一切措施，如回避风险、风险分散、工程措施等；后者则在实施控制技术后，对已发生的风险进行经济补偿，使其能较快地恢复正常的生产和生活秩序，维护财务稳定性。水资源系统风险处理措施有工程措施和非工程措施。在水资源系统风险处理与控制中，根据对各种失事状态的分析和判别，制定一系列切实可行的避险措施综合方案，并对不同避险代价（如增加供水，提高水资源利用率等的投入水平）的效益费用比进行分析，并运用经济学原理，在充分考虑风险因素的情况下，在风险损失与避险代价之间确定合理的平衡点，并进一步对水资源系统风险进行控制。

2.6.2.6　风险决策

风险决策是风险分析中的一个重要阶段。在对风险进行了识别、作了风险估计及评价，对其提出了若干种可行的风险处理方案后，需要由决策者对各种处理方案可能导致的风险后果进行分析、作出决策。即决定采用哪一种风险处理的对策和方案。常用的风险决策方法有期望值法、均值方差两目标法、决策树法、机会损失法、极小化风险率法、极大化希望水平法、多目标风险型决策方法等。

2.7　小结

对水资源系统进行风险管理研究所面临的首要问题是对水资源风险的合理定义，本章在总结了水资源风险诸多概念的基础上给出了水资源风险的确切定义；在水资源风险评估过程中需要一定的性能指标来描述水资源系统所面临的风险大小，这便使本章风险性能指标的定义成为必要；本章还对水资源的风险属性、风险特性、风险分类、风险成本及其承担对象进行了讨论；最后对水资源风险管理概念和基本程序的介绍使得本章为以后各章内容的展开提供了一个共同的坚实基础。

第3章　水资源短缺风险识别(辨识)

本章在风险识别概述的基础上对水资源系统所面临的风险进行识别,造成水资源系统失事的风险因子有水文风险因子、水力风险因子、结构风险因子、可供水量风险因子、用水量风险因子、水环境风险因子、技术风险因子和其他风险因子;对水资源系统风险过程的描述包括降水—频率关系的不确定性、降水—径流关系的不确定性、流量—频率关系的不确定性、水位—库容关系的不确定性、缺水量—损失关系的不确定性和损失—频率关系的不确定性;并建立了水资源风险因素的影响图模型;最后以首都圈为例对其水资源短缺风险进行了识别。

3.1　风险识别概述

3.1.1　风险识别的目的与意义

风险是客观存在的,风险管理人员在研究水资源系统所面临的风险对策时,最重要也是最困难的工作就是去了解及寻找水资源系统所有可能面临的损失的来源。风险管理人员如果不能识别水资源系统面临的所有潜在损失,就不能确定对付这些不确定风险的最好方法。所以,风险识别的目的有两个:一是用于衡量风险的大小;二是提供最适当的风险管理对策。风险识别是否全面、深刻,直接影响到风险管理的决策质量,进而影响到整个风险管理的最终结果。任何风险在识别阶段被忽略,都有可能导致整个风险管理的失败,造成不可估量的损失。增强风险意识、认真识别风险是衡量风险程度,采取有效的风险控制措施和风险管理决策的前提条件。

3.1.2　风险识别的原理

原则上,风险识别可以从原因查结果,也可以从结果反过来找原因。从原因查结果,就是先找出区域水资源系统可能会有哪些事件发生，发生后会有什么样的结果；从结果找原因，就是对失事事件发生所有可能的原因进行追根溯源，尽可能地找出造成这些事件的原因，分析其中的主导因素。风险识别还可以对水资源系统进行分段识别，分段识别可以从时间上和空间上两个方面进行。对水资源系统来说，从空间上可以将水资源的供用水系统分解为水库系统（或引提水系统）、输水系统、配水系统、用水系统和排水系统，风险管理者需要对这些系统分别进行风险识别，找出各子系统中造成风险事件的潜在不确定性；如果从时间角度来考虑，风险管理者可以从降雨的发生到径流的形成，再到水资源的利用和污水的排泄这个时间流来辨别各阶段所面临的各种风险因素。风险识别还可以从主观角度和客观角度对水资源系统所面临的失事风险进行识别，主观方面存在的各种模型误差、参数误差、操作失误等都是风险识别的内容，客观方面的水文风险、水力风险等更是水资源系统风险识别的重点内容。

3.1.3 风险识别的方法

基于以上的风险识别原理，在对水资源系统进行风险识别时可以采用具体的风险识别方法，有分析方法（包括层次分解和事故树）、专家调查方法（包括头脑风暴法和德尔菲法）、幕景分析法及蒙特卡洛方法等。这里重点介绍事故树分析方法在水资源风险识别中的应用。

事故树也称故障树，其本质上是定量分析方法，但也可作为定性分析的工具，它起源于20世纪60年代的美国。事故树是一种图表，用来表示所有可能产生事故的风险事件。它由一些节点和连接这些节点的线组成，每个节点表示某一具体事件，而连线则表示事件之间的某种特定关系。事故树法遵循逻辑学演绎分析原则，即从结果分析原因。事故树分析法的运用可以参照图3-1。

事故树法的作用有：

(1)事故树是一种描述复杂系统的运动过程的好方法；

(2)在绘制事故树的同时就可以识别风险；

(3)可以用来判断系统内部发生变化的灵敏度，或者确定在风险的影响下系统的各部分情况；

(4)事故树可以计算主事件发生的各种途径。

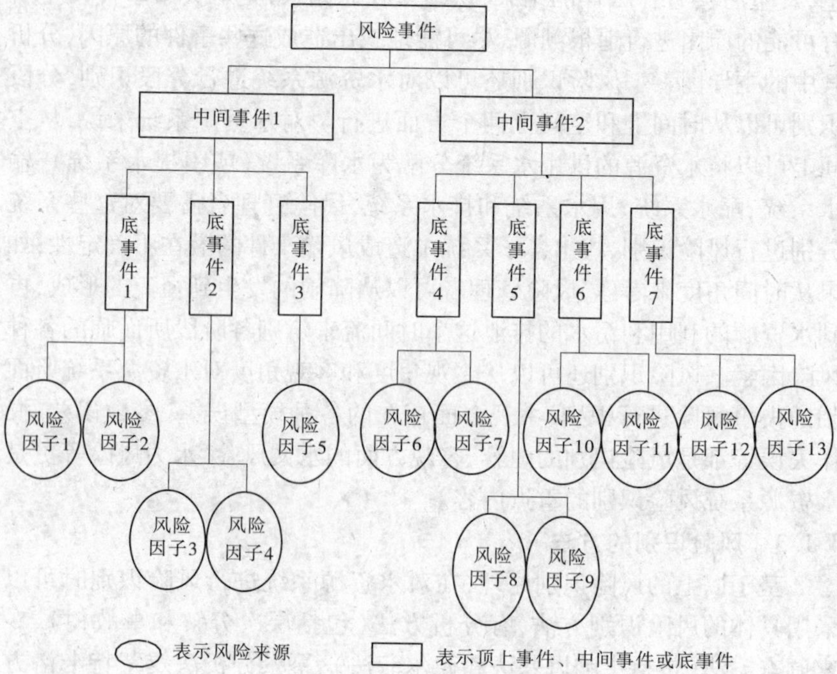

图 3-1　风险识别的事故树

3.2　水资源短缺风险因子识别

第二次世界大战以后，世界各国的社会经济渐次进入高速发展时期，各种社会经济以及人与自然的关系日趋复杂，人类对自然的影响和自然对人类的反作用日渐增强，各种问题相互交织、影响、互为因果，对任一社会问题的决策都将干预极其复杂的社会和自然系统，面临巨大的风险，有时这种干预若不适当，就可能事与愿违、得不偿失，引发更大的问题，甚至是系统的崩溃。风险通常与自然和社会事件的随机性、不确定性、不可控性、不可知性相关联，但自然和社会的这些特性不一定形成风险，从人类的视角看，只有当其对人类及其生存环境造成不利后果时才被称之为风险事件。在人类生活的地方，水资源的短缺等风险事件常对人类生活造成影响并使人类社会经济遭受损失。水资源系统的风险因子指引发水资源风险的自然和社会原因。概括地讲，有以下一些方面。

3.2.1 水文风险因子

水文风险因子指影响水文来水过程和当地河川径流过程的各种不确定性因素。这些不确定性因素一方面来自水文事件本身的特性，例如天然降水过程的各种不确定性、河川径流来水的各种不确定性、水文蒸散发过程的不确定性、地下水补给过程的各种不确定性等；另一方面来自对水文现象认识的不完备和资料分析的误差等。

3.2.2 水力风险因子

水力风险因子指表征径流运动形态和运动过程的水动力因子的不确定性，包括常用的水位、流速、流量、演进过程等。造成水力因子不确定性的因素有很多，例如风浪、堤防决口、泥沙冲淤、时间、下垫面条件等。

3.2.3 结构风险因子

结构风险因子指供用水系统工程在设计、建设和管理运行过程中存在的、影响工程正常功能发挥的不确定因素。例如设计方法的误差、工程隐患、老化、结构和基础的不可靠性、工程调度运行中的不确定性等。

3.2.4 可供水量风险因子

可供水量一般包括当地地表水、地下水、外调水、微咸水、海水、中水(污水再利用)等，由于存在的各种经济和技术等不确定因素使得可供水量存在着很大的不确定性。

3.2.5 用水量风险因子

国民经济和居民生活的各种用水的用水量存在着不确定性，国民经济的发展、产业结构的调整、各产业的用水定额、万元工业产值用水量、居民生活的用水水平等都存在着各种各样的不确定性，因而水资源系统的需水量也存在着不确定性。

3.2.6 水环境风险因子

水资源的开发和利用造成的环境问题的不确定性影响到供用水系

统本身存在着的各种不确定性。特别是水资源的利用不合理、各种污染工业的废水排放、各种污染物质的释放都存在着不确定性;同时人类大规模的、不合理的、掠夺性的资源开发也造成了环境问题的不确定性,例如河流改道、断流、沼泽化、地面沉降等环境风险日益增大。

3.2.7 技术风险因子

由于科学发展水平的限制,人类在认识水资源系统的过程中和对水资源系统进行调控的过程中存在着各种各样的不确定性,这些不确定性可以归类为技术风险因子。例如水资源工程技术、水资源工程运行管理技术、污染水处理技术、作物和产业结构布局的优化技术等。

3.2.8 其他风险因子

经济、社会、管理、政策、决策、规划等各方面都存在着不确定性,都有可能在不同程度上影响水资源系统风险的发生及其程度,成为引发和加重水资源风险的直接或间接原因。以经济风险因子来说,水资源系统分析中的经济风险主要来源于水资源工程费用估计中的不确定性,经济因子的不确定性如利率变化、通货膨胀等,有限的数据记录,来水的随机特性及未来人口增长的不确定性等都是经济风险因子的主要组成部分。

随着社会经济的发展,组成社会经济体系各单元之间的联系日益紧密和复杂,经济、社会、管理、政策、决策、规划等各方面风险因子对水资源系统的风险的贡献也与日俱增,目前这方面的知识还相当匮乏,需要进行扎实的基础研究。

3.3 水资源短缺风险过程描述

由于水资源系统的风险形成受气候系统的降雨强度及其时空分布、下垫面条件、水资源工程、水资源运行调度和人类活动等因素的影响,度量水资源系统风险特征的指标,如流量—频率关系、水位—库容关系、缺水量—损失关系、损失—频率关系等都具有一定程度的不确定性。定量地度量上述不确定性以及由此带来的水资源系统风险是风险管理工作的主要内容。

3.3.1 降水—频率关系的不确定性

由于天气—气候系统是一个复杂的大系统,这个系统固有的各种不确定性使得降水—频率关系呈现出极大的不确定性,降水的均值、方差、变差系数都存在着不确定性。

3.3.2 降水—径流关系的不确定性

由于人类生产生活活动的加强,使得区域的下垫面情况发生着不同程度的变化,例如植被覆盖率的变化、各种水利工程的修建、各种作物种植结构的变化、灌溉面积的变化、地下水的超采等使得降水初期损失不断发生变化,这为河川径流的形成带来了很大的不确定性,所以区域下垫面情况的变化首先反映在降水—径流关系的变化上。

3.3.3 流量—频率关系的不确定性

表征水文现象特征的流量(水位)—频率关系是水资源系统风险分析的基础之一。水文上通常通过对流量实测系列(样本)的分析,将其与某些描述随机事件的理论密度曲线比较,而得出符合水文现象的频率曲线,在国内水文计算中通常采用的皮尔逊Ⅲ型(P-Ⅲ)曲线是这方面的典型。

通过历史资料得出的流量—频率关系有其固有的不确定性。在水资源工程的规划建设中,这一关系往往直接被应用。但下垫面的变化或已有水利工程及规划工程的建设将在相当程度上改变原有的流量—频率关系,使其不确定性进一步加大。

通常流量—频率关系的不确定性是由于频率函数分布参数的不确定性造成的,而参数估算的不确定性又是因样本误差造成的。一般情况下,流量—频率关系是在实测样本资料的基础上,与某一分布函数拟合得到的,称为最适频率曲线。密度函数的参数需根据样本资料估计,常用的P-Ⅲ型频率曲线有三个参数:均值 $\bar{x}$,离差系数 C_v 和偏差系数 C_s。

由于人类认识水文现象知识的不完备和样本资料长度的限制,使得通过样本得到的反映总体分布特征的参数有一定的误差,在统计上称之为抽样误差。

当总体为 P－Ⅲ分布时，各样本参数的均方差如下❶：

$$\sigma_{\bar{x}} = \frac{\sigma}{\sqrt{n}} \tag{3-1}$$

$$\sigma_{\sigma} = \frac{\sigma}{\sqrt{2n}}\sqrt{1 + \frac{3}{4}C_s^2} \tag{3-2}$$

$$\sigma_{C_v} = \frac{C_v}{\sqrt{2n}}\sqrt{1 + 2C_v^2 + \frac{3}{4}C_s^2 - 2C_vC_s} \tag{3-3}$$

$$\sigma_{C_s} = \frac{C_v}{\sqrt{2n}}\sqrt{\frac{6}{n}(1 + \frac{3}{2}C_s^2 + \frac{5}{16}C_s^4)} \tag{3-4}$$

3.3.4 水位—库容关系的不确定性

导致水位—库容关系不确定性的自然因素包括河床形态、水温、含沙量、不恒定流效应、糙率的变化、泥沙输移、冲刷或淤积、变动回水、洪水期或洪水后河道形状的改变等，有时因现场测量和绘图计算的误差等原因也会导致水位—库容关系的不确定性。

模拟误差也是导致水位—库容关系不确定性的主要因素。在实际工程规划中，常利用物理模型或数值模型（一维的、多维的）模拟水流和泥沙冲淤现象。因为模型不可能精确地模拟复杂的自然水流过程，而模型所采用的数据本身的误差，以及模型所采用的参数随水流过程和河床形态的变化等，都对水位—库容关系带来了不确定性。

3.3.5 缺水量—损失关系的不确定性

缺水量—损失关系包含矛盾的两个方面，一方面是缺水量的各种不确定性，另一方面则是风险承受体（人类社会经济系统）所存在的各种不确定性。缺水量—损失关系反映区域缺水经济损失情况的综合特征，影响这一关系的不确定因素除了由于来水过程的不确定性、调节工程的可靠性、工程调度运用的不确定性等原因外，重要的是风险承受体

---

❶ 向立云，李娜。洪水风险分析技术运用与防洪标准研究[R]。全国防洪规划之防洪标准与洪水风险研究专题，2000，8：112～122。

存在的不确定性，如工业万元产值用水量的不确定性、农业水分生产函数的不确定性、城乡居民生活用水定额的不确定性、生态环境的不确定性、缺水损失计算方法的不确定性、资产价值估计的误差、历史缺水损失调查的误差等。

在缺水量—损失关系的建立方面，还可以概括为资料的不确定性和缺水量—损失关系的不完备性及其估计误差。

3.3.5.1 资料的不确定性

资料的不确定性主要是损失资料的不确定性，包括工业经济损失、农业经济损失、生态环境损失以及对人民生活造成的影响。在计算水资源短缺造成的损失的时候，应该充分考虑产业结构的不确定性，充分意识到产业结构以及各产业在不同水资源利用分区的分布密度的不确定性：在工业中各门类的水资源投入产出的不确定性；交通邮电业（货运仓储业、邮电业、旅客运输业），商饮业（商业、饮食业），服务业（金融保险业、房地产业、社会服务业、卫生体育和社会福利事业、教育文化艺术广播事业、科学研究事业、综合技术服务业、行政机关）等的水资源投入产出的不确定性；农业中（种植业、林业、牧业、副业、渔业）各种不确定性。

产业结构对水资源系统造成的风险还包括行业内部生产结构调整与用水需求变化规律的不确定性、区域产业结构调整（三产结构变化）与用水需求变化规律的不确定性等。

3.3.5.2 缺水量—损失关系的不完备性及其估计误差

在实际计算中，只考虑缺水量所造成的区域经济损失，即建立单一的缺水量—损失关系估计水资源短缺的风险损失，但是在缺水发生的同时，由于风险的传递、风险的扩散作用以及风险的累计效应使得实际损失更加复杂，因此所建立的缺水量—损失关系存在着一定的误差。除缺水量的影响外，影响损失估计的因素还包括产业本身的易损性，例如产业节水水平、产业抗旱性能、产业的布局等。

3.3.6 损失—频率关系的不确定性

由于水资源短缺风险发生频率的不确定性导致了损失—频率关系

的不确定性,水资源系统的风险分析研究的核心就是计算水资源短缺损失的频率分布,这也是水资源风险决策的基础和水资源风险管理研究的主要内容。

3.4 水资源风险因素关系图

对于水资源系统的风险因素而言,它们之间并不是独立的,而是具有非常复杂的相互关系。同一个风险因素有时候是风险产生的原因,有时候又是另一个风险因子的后果,所以对水资源系统进行风险分析和评价,首先对这些错综复杂的关系要有一个初步的掌握。据此,本书构造了水资源系统风险评价的影响图概念模型,如图 3-2 所示。

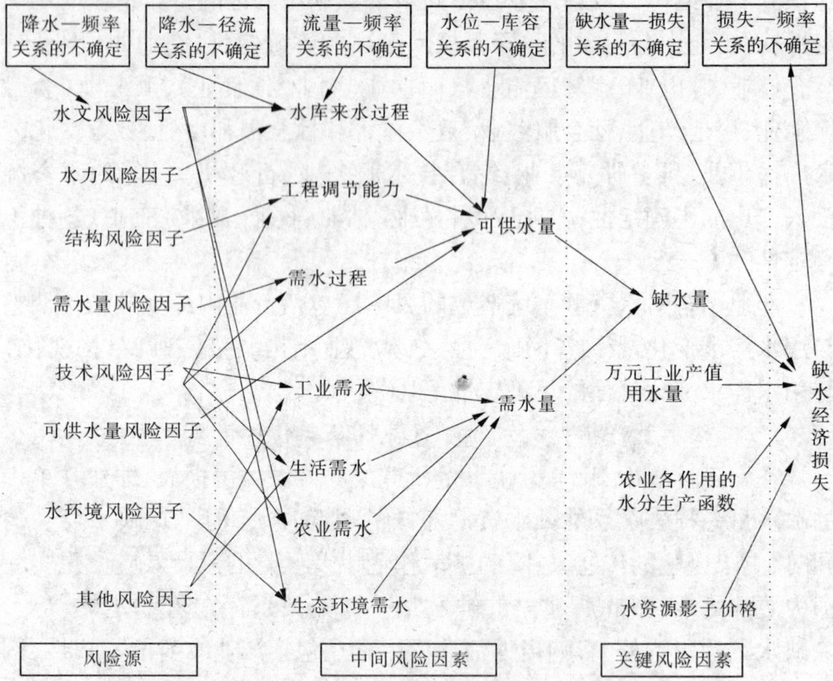

图 3-2 水资源系统风险因子的影响图模型

在该模型中,选取缺水造成的经济损失作为表示水资源系统风险的最终指标,损失—频率关系则是进行水资源风险分析要得出的基本结论;对于缺水经济损失的关键影响因素则有缺水量、万元工业产值用水量、作物的水分生产函数、水资源的影子价格等。影响关键因素的则是中间风险因素,中间风险因素一般都是造成缺水量的中间事件,这些中间事件有可供水量和需水量,而对可供水量和需水量造成影响的中间事件还有水库来水过程、工程调蓄能力、需水过程、工业需水、生活需水、农业需水、生态环境需水等;中间风险因素的上游是风险源,风险源便是水资源系统的风险因子,即前述的水文风险因子、水力风险因子、结构风险因子、技术风险因子、可供水量风险因子、需水量风险因子和其他风险因子等。

水资源系统风险评价的风险因子影响图概念模型说明了水资源系统风险的复杂性,同时说明了这种复杂性可以被人类所最终认识。

3.5 应用实例——首都圈水资源风险识别

3.5.1 首都圈水资源系统风险识别

首都圈水资源系统是一个综合的、复杂的水资源系统网络,该网络是一个既有串联水库又有并联水库的水库群系统与地下水联合向区域工农业及人民生活供水的水资源保障体系。由于系统的复杂性导致它所涉猎到的水资源风险多样而复杂,既有防洪风险,也有供水短缺风险,还有水环境污染风险等其他风险。首都圈面临的各种与水资源有关的风险都对该地区的水资源保障体系构成威胁,因此有必要首先对首都圈水资源系统面临的全部风险进行系统的识别。采用事故树风险识别法对首都圈的水资源系统风险识别如图 3-3 所示,在该事故树模型中尚未包括水资源短缺事故树,由于本书的研究重点就是水资源短缺风险,所以在第 3.5.2 节中专门对首都圈所面临的水资源短缺风险进行了识别。

3.5.2 首都圈水资源短缺风险识别

首都圈水资源短缺风险识别是本书进行水资源短缺风险管理的前

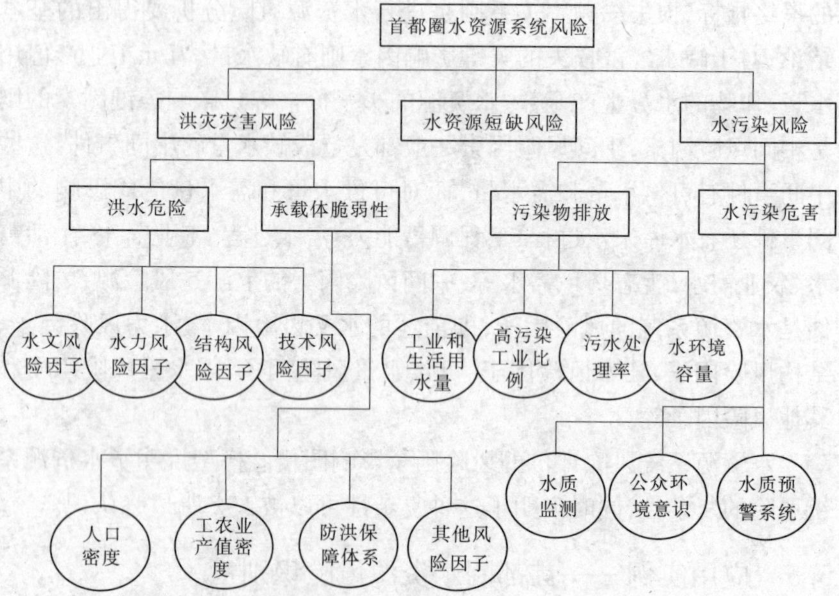

图 3-3　**首都圈水资源系统全面风险事故树**(图例同图 3-1)

提条件,只有准确地识别了造成水资源短缺的各种风险因素,才能使风险分析和风险管理研究顺利进行。对首都圈的水资源短缺风险识别的事故树见图 3-4,在造成水资源短缺风险的诸多因素中,由于许多因素的难以测定,所以在本书的水资源短缺风险分析中只考虑了水文风险因子和用水量风险因子。

3.6　小结

本章首先对风险识别的目的进行了论述,同时介绍了风险识别的原理和方法;对水资源系统所面临的风险进行识别包括了对水资源短缺风险因子的识别和风险过程的描述,同时建立了水资源短缺风险因素影响图概念模型;最后分别对首都圈水资源系统的全面风险和水资源短缺风险进行了识别,为以后各章的顺利进行创造了条件。

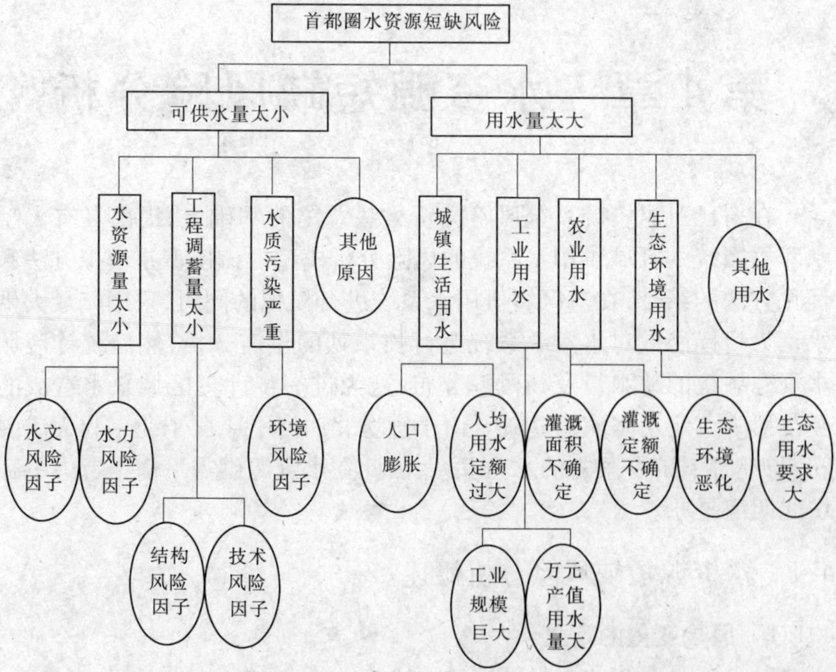

图 3-4　首都圈水资源短缺风险事故树(图例同图 3-1)

第4章　水资源短缺风险分析

在对已有水资源系统风险分析方法总结的基础上，提出具有大型水库群系统的区域供用水系统的风险分析模型。该模型是模拟方法和优化方法的结合，在对区域供用水系统进行模拟的同时，采用年最大供水量为目标函数对水资源系统进行长系列的供需分析，然后统计区域水资源系统的缺水量及其概率分布，这为进一步计算区域缺水造成的经济损失奠定了坚实的基础。由于廊坊北四河平原居于北京和天津中间，与上游下游有紧密的水力联系，因此在水资源供需平衡中考虑了廊坊北四河平原。

4.1　水资源短缺风险分析概述

4.1.1　风险变量的定义

对水资源系统的水量短缺进行风险分析，首先要确定风险变量。

在本书的研究中我们以区域缺水量和由于缺水造成的经济损失作为水资源系统风险分析的风险变量。

4.1.2　风险分析的条件

进行水资源系统风险分析必须具备的条件：

(1)可靠的来水过程分析方法与手段，包括降雨频率分析、产汇流模型、年径流、月径流生成技术等，以把握来水的自然特征；

(2)风险承受体在规划水平年的社会经济发展预测及社会经济、生态环境保护目标，以及建立可靠的需水预测模型；

(3)风险承受体社会经济特征，对风险承受体的易损性、可恢复性等进行合理评价，包括建立风险区缺水损失评估模型、经济活动关联与互动模型、缺水与风险区的易损性的关系等；

(4)防风险措施费用分析模型、防风险措施的效益分析与预测模型等；

(5)确定用水户的优先级别:生活用水优先、工业用水次之、农业用水最后。

4.1.3 风险分析的程序

第一步,问题的提出,风险分析的目标制定,风险区供水短缺风险的特点,对居民生活、社会经济、生态环境以及个人心理等造成的危害,水资源短缺的环境影响评价。

第二步,风险区水资源系统描述。该阶段需要收集研究区有关水文、地貌、水资源工程供水能力、水资源短缺现状等资料,开展天然来水过程频率分析、产汇流模型计算、地下水补给方式调查等工作,查清研究区的水账。

第三步,研究区社会经济情况调查与预测,以查清水在当地宏观经济投入产出中所起到的作用,水对研究区各产业的弹性系数,为研究缺水对国民经济造成的损失风险率打下基础,主要包括以下内容:产业结构调查、经济活动调查、土地利用方式调查、人均生活用水方式调查、预测各产业在未来对水的需求等。

第四步,缺水的风险率计算和缺水经济损失的风险评估。

4.1.4 风险分析方法

风险分析方法分为定性分析法和定量分析法。

定性分析法主要用于风险可测度很小的风险主体。常用的方法有调查法、矩阵分析法(于川,1994)和德尔菲法。

德尔菲法是美国咨询机构兰德公司首先提出的,该法主要是借助于有关专家的知识、经验和判断来对风险加以估计和分析。在水资源系统中有些不确定性因素难以分析、计算,因此该法在水库调度风险决策中具有实用价值,如文献“水库实施调度及风险决策”(田峰巍,1998)用专家打分的方法确定了水库调度决策的可信度。

风险分析的定量方法有极值统计学方法、概率风险分析方法、模糊风险分析方法、灰色随机风险分析方法和最大熵风险分析方法等。

4.2 风险分析模型方法

伴随着风险分析研究的逐步深入以及人们对水资源系统认识的深

化，研究者先后提出了极值风险模型、概率风险模型、灰色随机风险模型、模糊数学风险模型和最大熵风险分析模型等。概率风险分析模型中常用的风险分析方法是参数解析法和随机模拟法。

4.2.1 极值统计学方法

极值的通俗概念为稀有的、重大的、在人们经验范围内很少出现或发生的事件，它在正常系统情况下很少见，如自然界的百年不遇的洪水、地震、干旱，这些事件常打破自然界的相对平衡状态，对自然界以及人类生活带来重大影响。人类对与人类生活息息相关的极值事件的研究始于20世纪30年代初，Dodd、Frechet、Fisher和Tippett证明了极值极限分布的三大类型定理，为极值理论的发展奠定了基石，Gumbel E J(1958)的著作反映了极值概率统计的应用成果，系统地归纳了一维极值理论，对变量的最大值(最小值)分布进行了研究。极值用于风险的研究始于Jenkinson对广义极值分布(Generalized Extreme Value Distribution)模型的研究。20世纪80年代中期，多变量极值理论的统计推断有了进一步的发展，而且成为目前极值理论研究的热点问题(朱国庆，2001)。

极值统计主要是处理一定样本容量的最大值和最小值，可能的最大值与最小值将组成它们各自的母体，因此这些值可用具有各自概率分布的随机变量来模拟。

令 X 为初始的随机变量，并有已知的初始分布函数 $F_X(X)$。这里我们主要探讨样本容量为 n 的随机变量 $(X_1, X_2, \cdots, X_n)$ 的最大值，即随机变量：$Y_n = \max(X_1, X_2, \cdots, X_n)$。为了数学上的简化及与随机抽样理论一致，假设 $X_1, X_2, \cdots, X_n$ 均为相互统计独立并与初始随机变量 X 有相同的分布函数。据此，Y_n 的分布函数为

$$F_{Y_n}(y) = P(Y_n \leqslant y) = P(X_1 \leqslant y, X_2 \leqslant y, \cdots, X_n \leqslant y) = [F_X(y)]^n \tag{4-1}$$

对于方程(4-1)，当 n 变得很大或 $n \to \infty$ 时，$F_{Y_n}(y)$ 是否具有极限或渐近的形式，这一问题曾经是早期的统计学者所探讨的课题，并已成为人所共知的统计极值的渐近理论，它使得极值统计学的用途大为增强。

当 n 很大时，极值的渐近分布趋向收敛于几种极限形式，Gumbel E J 把它们划分为Ⅰ、Ⅱ、Ⅲ型的渐近形式（A. H S, Tang W H, 1984）：带有指数型衰减尾部的初始分布的极值将渐近地收敛于Ⅰ型极限形式；而对于具有二项式衰减尾部的初始分布，它的极值将收敛于Ⅱ型渐近形式；对于有界的极值，其相应的极值分布将收敛于Ⅲ型渐近形式。

描述极值统计的两个基本要素是耿贝尔渐近分布形式与极值参数。在实际应用中，判断初始随机变量的确切分布常常比较困难，但描述极值风险事件后果是极其重要的，而它又是初始随机变量的函数，因此在初始随机变量的尾部情况不够明确时，必然会带来如何确定其极值分布的极限形式的问题，以便确定极值风险的均值和方差，为此，可利用万米色斯（Von Mises）准则作为指南（A. H S, Tang W H, 1984）。James H L et al（1994）在万米色斯收敛准则的基础上推导了初始变量 X 为极值Ⅰ、Ⅱ、Ⅲ型时，$Y=g(X)$ 为耿贝尔极值分布形式的条件。

Richard W（2002）利用极值理论对水资源设计和运行中的水文风险问题进行了分析研究；傅湘（2001）等利用上述的极值理论与 Asbeck 等提出的分区多目标风险方法（PMRM）结合对洪灾风险高损失区域的期望值进行了推导，并且取得了理想的结果。

4.2.2　概率风险模型

概率风险模型将失事事件的发生视为随机过程，以理论上比较成熟的概率统计为数学工具，应用起来比较方便。由于水资源系统非常复杂，在实际的风险分析中往往先将总系统按一定的层次分解成若干子系统，先求各子系统的风险变量的概率分布，然后再利用参数解析法或随机模拟法求总系统风险变量的概率分布。

4.2.2.1　*参数解析法*

参数解析法也称组合频率法（李国芳，1999）。以水利工程经济效益风险分析为例，该方法首先由各子效益和各子费用的统计参数通过一定的数学关系式求出总效益和总费用的统计参数，再由总效益和总费用的统计参数求出水利工程经济效益指标（如净现值、效益费用比等）的统计参数，最后给各经济效益指标配置一定的概率分布线型，求出其分布。参数解析法的问题是推导经济效益指标统计参数的求解公式和选择合适的经济效益指标线型，当经济效益指标的统计参数不能解析表示时就无法应用。

4.2.2.2　随机模拟法

随机模拟法又称蒙特卡洛法，或统计实验法。在水资源系统中由于许多变量是随机分布的，用解析法求解比较困难，此时随机模拟法是解决此类问题的一种有效方法（阮本清，2000）。在水资源系统的风险分析中，由于各风险变量之间存在着比较复杂的影响机制，不容易确切估计和确定其分布线型与参数，不容易集中考虑各种变量的相关影响，因此用随机模拟的方法获得某些决策指标的随机变化信息是一种比较好的方法。

假定函数 Y 满足：

$$Y = f(X); X = (x_1, x_2, x_3, \cdots, x_n) \tag{4-2}$$

式中，X 为服从某一概率分布的随机变量；$f(X)$ 为一未知或一非常复杂的函数式。用解析法不能求得 Y 的概率分布（包括分布率及其他统计参数，如期望值、方差等）。随机模拟方法就是通过直接或间接的抽样求出每一随机变量 X，然后代入式（4-2）求出函数值 Y，这样反复地独立模拟计算多次，便得到函数 Y 的一组数据。当独立模拟的次数相当多时，就可由此来确定函数 Y 的概率特征，并可用样本均值近似作为函数 Y 的期望值，样本标准差作为 $\bar{Y}$ 的精度的统计估计。以水利工程经济效益风险分析为例，随机模拟方法首先是由计算机生成大量服从各自费用和子效益分布的随机数，然后计算出每个经济效益指标的一系列值，最后由经济效益指标系列直接确定其统计参数和分布（李国芳，1999）。

4.2.3　模糊风险分析方法

在水资源系统的风险分析中，首先要考虑的是系统的不确定性问题。由于事物在其发生、发展及演变过程中受到来自不同方面的诸多因素的共同影响，使得它的状态始终体现为一种不稳定、模糊、无序或混沌等现象，这就是系统的不确定性。黄崇福等（1995）分析指出，由于概率风险评价模型没有描述系统的模糊不确定性，在用于实际估计时，可行性和可靠性仍存在问题。陈守煜（1981）认为，水文水资源系统中许多概念的外延存在着不确定性，对立概念之间的划分具有中间过渡阶段，这些都是典型而客观存在的模糊现象，也是模糊数学研究的对象。由于水资源系统的模糊性，则水资源系统的不确定性可以分为两类，一类是上述的随机不确定性，用随机分析的方法来描述；而另一类是模糊不确定性，用模糊数学的方法来描述。

在模糊风险分析中，往往由于描述缺乏系统长期变化的信息，应将系统变量视为模糊变量，应用模糊集理论来定量评价系统的不确定性（张翔，2000）。

4.2.4 灰色随机风险分析方法

实际上，水资源系统中的不确定性，既源于系统的内在不确定性，也产生于模型的不确定性、参数的不确定性和获取的信息不足和不精确性。Jon C Helton 在处理复杂系统的风险评价时将不确定性分为随机不确定性和主观不确定性，并认为前者的产生是源于系统自身的特性，而后者的产生则是源于对系统认识和信息的缺乏，是对系统进行分析的特性（Jon C Helton，1994）。Hu Guohua 将源于对系统认识的缺乏所产生的主观不确定性归结为灰色不确定性（Hu Guohua，1998）。灰色随机风险分析就是在系统部分信息已知、部分未知的情况下，将系统变量视为灰变量，应用灰区间预测方法来度量系统的不确定性（张翔，2000）。此方法是在随机风险率的方法基础上，对风险率的灰色不确定性的描述和量化。

胡国华等（2001）在文献“风险分析的灰色－随机风险率方法研究”中，基于概率论和灰色系统理论方法定义了灰色概率、灰色概率分布、灰色概率密度、灰色期望及灰色方差等灰色风险分析的基本概念，针对系统的随机不确定性和灰色不确定性，建立了风险分析的灰色－随机风险率方法，并把这种方法应用于水资源系统中。诚然，灰色随机风险分析方法代表了风险分析的一个方向，但其理论体系还有待进一步的完善。

4.2.5 最大熵风险分析方法

近些年来，熵（entropy）成为研究水文水资源系统中不确定性的另一个有效工具。特别是国外的学者在这方面作了大量的工作，取得了令人瞩目的成就。

水文水资源系统中所应用的熵不同于热力学和统计力学中的熵，而是信息论中所定义的“信息熵”。熵是随机现象不确定性的度量或所含信息量的度量(张继国,2000)。信息论认为,在实际问题中,存在三类信息,第一类与实验的可数个结果相联系,能利用信息熵去确定,这是客观信息;第二类与判断、经验及理解有关系,很少能以传统的数学模型来表示,这种信息被当成主观的,对它的度量可以用模糊熵给出;第三类是既包含有客观的内涵又有主观的意志,体现为一种模糊随机现象,可用模糊随机变量来描述,此时其整体熵为:

$$H_t = F(P,f) = -\sum_{i=1}^{N} P_i \ln P_i + D\sum_{i=1}^{N}\sum_{j=1}^{N} P_i S_i[f(x_j)] \tag{4-3}$$

其中,D 为需被确定的乘数;H_t 为信息熵与模糊熵之和。

上式满足这样的性质:如果 $P_i=1$,此时随机性不存在;反之若每个 $f(x_j)=0$ 或 1,则模糊性不存在。

风险分析中常用的一个有关熵的概念是最大熵原理。风险分析的依据是风险变量的概率特性,因此首先要根据所获得的一些先验信息设定先验分布。利用最大熵原理设定风险因子的概率分布,实质是将问题转化为信息处理和寻优问题(王丽萍,1999)。在水资源系统风险分析中,许多风险因子的随机特性都无先验样本,而只能获得它的一些数字特征,如均值 μ。然而均值为 μ 的概率分布有无穷多个,要从中选择一个分布作为真分布,其优选标准就是最大熵准则。

在水资源系统中设随机变量 X 为缺水量,设水资源系统的可供水量和需水量是两个相互独立的随机变量 x_1,x_2,风险指标 X 和随机变量的关系为 $X=G(x_1,x_2)$,则可建立如下的基于最大熵准则的风险估计模型:

$$\max S = -\int_R f(x)\ln[f(x)]\mathrm{d}x \tag{4-4}$$

$$\text{s.t.} \quad \int_R f(x)\mathrm{d}(x) = 1 \tag{4-5}$$

$$\int_R x^i f(x)\mathrm{d}x = M_i, i = 1,2,3 \tag{4-6}$$

$$x \geqslant 或 \leqslant b \tag{4-7}$$

其中：

$$f(x) = \exp(\lambda_0 + \sum_{i=1}^{3} \lambda_i x^3) \tag{4-8}$$

$$\lambda_0 = -\ln[\int_R \exp(\sum_{i=1}^{3} \lambda_i - x^i)\mathrm{d}x] \tag{4-9}$$

式(4-4)～式(4-9)中，R 为随机变量所在集合；b 为保证变量有意义的量；M_i 为第 i 阶原点矩；$f(x)$ 为 X 的密度函数，正是模型所要求的；λ_0、λ_i 为拉格朗日乘子，为了求密度函数 $f(x)$，求解拉格朗日乘子就显得尤为重要，一般通过如下的非线性优化问题求解：

$$1 - \int_R C^i \exp(\lambda_i x^i)\mathrm{d}x / M_i \int_R \exp(\lambda_i x^i)\mathrm{d}x = R_i$$

$$(\| R_i \| \leqslant \varepsilon，给定允许误差) \tag{4-10}$$

求上式残差平方和 $\min R = \sum_{i=1}^{m} R_i^2$ 的最小值就可以得到问题的解。

以 $DE_1(i)$ 表示对自变量的一阶偏导，以 $DE_2(i)$ 表示二阶偏导，则一般所采用的 X 的前三阶矩可以有如下形式：

$$M_1 = G(\mu_{x_1}, \mu_{x2}) + \frac{1}{2}\sum_{i=1}^{2} DE_2(i) C_i^{(2)} \tag{4-11}$$

$$M_2 = \sum_{i=1}^{2} DE_2(i) C_i^{(2)} + \sum_{i=1}^{2} DE_1(i) DE_2(i) C_i^{(3)} \tag{4-12}$$

$$M_3 = \sum_{i=1}^{2} DE_1(i)^3 C_i^{(3)} \tag{4-13}$$

其中：

$$DE_j(i) = \frac{\partial G^j(\mu_{x1}, \mu_{x2})}{\partial x_i^j}, i,j = 1,2 \tag{4-14}$$

$$C_i^{(j)} = \int_{R_x} (x_i - \mu_{xi})^j \zeta(x_i)\mathrm{d}x_i, i,j = 1,2 \tag{4-15}$$

式中，μ_{xi} 为各风险因子的期望值；$\zeta(x_i)$ 为各风险因子的分布函数。通过对上面模型的求解便可以得到随机变量 X 的密度函数 $f(x)$，然后通过对 $f(x)$ 的统计分析，可以得出风险变量 X 的各种概率统计值，通常这些统计值反映出 X 的风险特性。

当然，熵理论与方法还不够完善，没能自成体系，所以充其量只是一种技术方法。不过到目前为止，它对研究不确定性问题的有效性还是值得推广和肯定的。风险变量的概率分析定量风险分析方法是借助数学工具研究风险主体中的数量特征关系和变化，确定其风险率（或度）的方法。

除了上述的风险分析方法外，水资源系统风险分析的方法还有模糊影响图方法（刘金兰，1994）、马尔柯夫链方法（韩宇平，2003）和风险度分析方法等（黄强，1999）。风险分析的数学模型的发展是一个渐进的过程，是伴随着人类对水资源系统的认识逐步深化而前进的。除了上述的模型外，近年来水文水资源系统的风险研究方兴未艾，随机过程、混沌、时间序列、分形分维、人工神经网络、遗传算法和小波分析技术等分析方法和技术，已经成功地应用于多种水文要素过程的风险、可靠性及不确定性的分析研究。

4.3 马尔柯夫链模型在区域干旱风险研究中的应用

干旱是我国一种危害较大的自然灾害。范围大、持续时间长的严重干旱所造成的经济损失往往给全国和一个地区的国民经济带来严重的影响。众所周知，风险是由于系统的不确定性因素引起的。由于水文现象本身所固有的不确定性引起的干旱风险问题一直以来都是人们研究的对象（郭其蕴，1992；黄嘉佑，1992；Wolfe，1997）。对干旱现象的风险评价则是评估由于水文现象本身所固有的这种不确定性所引起的区域干旱事件发生的概率以及不同概率下事件后果的严重性，并决定采取适宜的抗旱避险对策（Louis G. du Pisani，1995）。实际上区域的干旱风险就是区域水资源系统所面临的风险之一。而本节的目的就是应用马尔柯夫过程随机理论对区域干旱的变化态势作一定量的探讨，以便揭示区域干旱事件发生的规律，从而可以为区域水资源的风险管理提供一定的有用信息。

4.3.1 马尔柯夫链风险估算模型

马尔柯夫（Markov）链是一种重要的随机过程，它研究的是某一事件的状态及状态之间转移规律理论的随机过程（闵华玲，1987），描述的是这样一种随机现象:已知现在,未来的概率分布与过去的状态无关。

对于干旱风险而言,为了对干旱事件的不确定性进行分析和量化,首先要对其变化特性有一个清晰的认识,以便为方法的设计提供基础。设 $X(t)$ 为某一干旱指数的状态集合,可以推断,$X(t)$ 是随时间推移而上下起伏的一个随机过程,由于加强和减弱等复杂的不确定因素的相互作用,使得 $X(t)$ 在某一年的状态只与前一年(或最近几年)的状态和状态变化有关(较强的关联),而与更前面的年份无关(或关联较弱,可以不作考虑)。因此,$X(t)$ 的变化过程具备马尔柯夫过程无后效性这一特点,是一个马尔柯夫过程,并且其状态和时间参数可以是离散形式的马尔柯夫过程——马尔柯夫链。

将 $X(t)$ 中的时刻 t 改记为 n,在实际应用中,n 作为年度参数,是非负的整数。同时,从简化分析考虑,还可以规定 $X(n)$ 的取值为整数,即 $X(n)$ 是以整数形式出现的,所以这种马尔柯夫链又可称为(状态或取值)可列马尔柯夫链。当 $X(n)$ 的取值状态为有限个时,又称这种马尔柯夫链为有限(可列)马尔柯夫链。而对于区域干旱指数的状态而言,$X(n)$ 的取值必为有限,且为正整数,为可列,所以采用有限可列马尔柯夫链来描述干旱风险状态 $X(n)$ 这种随机过程是合理和恰当的。

4.3.1.1 马尔柯夫链状态转移概率矩阵的确定

现假设马尔柯夫链满足平稳的条件,其统计特性不随时间的平移而发生变化,即 $X(n)$ 的状态转移概率仅与转移出发状态 i,转移步数 k,转移到状态 j 有关,而与转移的起始时刻 n 无关。其转移概率记为 $P_{ij}(k)$,且

$$P_{ij}(k) = P_{ij}(n,n+k) = P\{X(n+k) = j \mid x(n) = i\},k \geqslant 1 \tag{4-16}$$

当 $k=1$ 时,$P_{ij}(1)$ 称为一步转移概率,简记为 P_{ij}。此时 $P_{ij} = P_{ij}(1) = P(X(n+1) = j \mid x(n) = i\}$,且 P_{ij} 有下列两个性质:

(1)$0 \leqslant P_{ij} \leqslant 1, i,j = 1,2,\cdots,N$;

(2)$\sum_{j}^{N} P_{ij} = 1, i = 1,2,\cdots,N$。

对于有限状态空间,有下列一步状态转移矩阵

$$[P]=\begin{bmatrix}P_{11} & P_{12} & \cdots & P_{1N}\\ P_{21} & P_{22} & \cdots & P_{2N}\\ \vdots & \vdots & & \vdots\\ P_{N1} & P_{N2} & \cdots & P_{NN}\end{bmatrix} \tag{4-17}$$

其中,$P_{ij}=n_{ij}/n_i$,n_{ij}指时刻 n 到 $n+1$ 时刻,状态 i 转移到状态 j 的样本数,n_i 指状态 i 总样本数,$n_i=\sum_{j}^{N}n_{ij}$,$j=1,2,\cdots,N$。

由于马尔柯夫链满足平稳的条件,其统计特性不随时间的平移而发生变化,即 $X(n)$ 的一步转移概率与时间无关,这时,n 步转移概率 $[P^{(n)}]$ 等于一步转移概率 $[P]$ 的 n 次连乘(李德光,2001),即

$$[P^{(n)}]=[P][P]\cdots[P]=[P]^n \tag{4-18}$$

4.3.1.2　马尔柯夫链风险评价模型的建立

应用一步转移概率矩阵及多步转移概率矩阵,可以由现在的干旱指数状态预测未来的干旱指数状态及其概率分布,预测模型为(钟政林,1997)

$$P(n)=P(0)[P]^n \tag{4-19}$$

式中,$P(0)$ 为初始状态概率向量;$P(n)$ 为经 n 步转移后状态概率向量;$[P]^n$ 为 n 步转移概率矩阵。上式便是马尔柯夫链风险评价模型。

除了得到状态概率向量之外,应用马尔柯夫链模型还可以得到以下结果。

(1)干旱指数的稳定状态概率。

在马尔柯夫链的一步转移概率矩阵中,P_{ij}($i,j=1,2,\cdots,N$)是与时间无关的,这种平稳的马尔柯夫链被称为齐次马尔柯夫链。由于气候系统的相对稳定性,对于区域干旱指数状态序列可以认为是一有限齐次马尔柯夫链,对于一切状态 $X(n)=i$、$X(n)=j$,存在不依赖于 $X(n)$ 的常数,使得

$$\lim P_{ij}(n)=P_j,j=1,2,\cdots,N$$

称此马尔柯夫链具有各态历经性,式中的 P_j 称为稳定状态概率($j=1,2,\cdots,N$),($P_1,P_2,\cdots P_N$)称为此马尔柯夫链的平稳分布。各态

历经性具有十分重要的直观意义:无论系统从哪一个状态出发,当转移步数 n 充分大后,达到状态 j 的概率都接近于 $P_j(j=1,2,\cdots,N)$,且与起始状态无关,并称概率 P_j 为状态 j 的极限概率,由此可以得到未来各个干旱指数状态出现频率的一个稳定值。极限概率是下列方程组:

$$P_j = \sum_{i=1}^{N} P_i P_{ij}, (i = 1,2,\cdots,N) \tag{4-20}$$

满足条件

$$P_j > 0, \sum_{j=1}^{N} P_j = 1 \tag{4-21}$$

的唯一解,这就是有限齐次马尔柯夫链的各态历经定理。上述方程组写成矩阵形式便是

$$[P]^{\mathrm{T}} = [P(1)]^{\mathrm{T}} \cdot [P]^{\mathrm{T}} \tag{4-22}$$

(2)平均返回时间。

令

$$P_{ij} = \sum_{n=1}^{\infty} P_{ij}^{(n)} \tag{4-23}$$

为由状态 i 出发,最终进入状态 j 的概率。如果 $p_{ij}=1$ 则称状态 i 为常返态。当状态 i 为一个马尔柯夫链的常返各态历经状态时,它具有有限的平均返回时间

$$\mu_{ii} = 1/P_i \tag{4-24}$$

对于干旱风险来说,平均返回时间即某一程度的干旱事件的重现期。

4.3.1.3 评价模型的可信度分析

对于马尔柯夫链风险评价模型来说,结果的可信度取决于状态序列为马尔柯夫链的真实程度以及序列中状态的个数,在实践中往往是通过将预测值与实际值对比以验证它的可信度。

4.3.2 区域干旱指数状态的划分

4.3.2.1 单站旱涝状态的划分

不同学科对旱涝有不同的定义,例如水文学者常把低于正常径流的枯水状态定义为干旱,而把高于正常径流的丰水状态与涝相联系;农业工作者则按照生长季节中的土壤湿度来定义旱涝标准;气象工作者

则把一个地区内低于多年平均降水量的现象定义为旱,反之则称为涝。相对而言,只有气象上的旱涝与自然气候有着更密切的联系,也是本次研究所采用的定义。气象上旱涝现象的识别有不同的标准,通常把一定时期内(季或年)降水量的多年平均值作为划分旱涝标准的分界线。有时为识别旱涝严重程度,把降水量划分为五个级别,即特旱、偏旱、正常、偏涝和特涝,并分别记为5、4、3、2和1。划分时不仅考虑降水量的平均值,还考虑其标准差(中央气象局,1980)。一般采用站点所在地区的5~9月降水量,按以下标准评定:

1级:$R_i > (\overline{R} + 1.17\sigma)$

2级:$(\overline{R} + 0.33\sigma) < R_i \leqslant (\overline{R} + 1.17\sigma)$

3级:$(\overline{R} - 0.33\sigma) < R_i \leqslant (\overline{R} + 0.33\sigma)$

4级:$(\overline{R} - 1.17\sigma) < R_i \leqslant (\overline{R} - 0.33\sigma)$

5级:$R_i \leqslant (\overline{R} - 1.17\sigma)$

式中,$\overline{R}$为5~9月多年平均降水量;R_i为逐年5~9月降水量;σ为标准差。

4.3.2.2 区域干旱等级状态的划分

上述单站旱涝状态的划分并不能代表一个地区的旱涝状况,但区域总体的状况可以在单站工作的基础上来研究区域性的干旱并建立区域干旱指标。为了使区域干旱指标既能反映研究区内发生干旱的严重程度(即干旱等级),又能反映该区内不同等级干旱所影响面积的大小。本节采用如下的区域干旱指标计算公式(宋慧珠,1994)

$$I_D = D_4 \times \frac{A_4}{A} + D_5 \times \frac{A_5}{A} \tag{4-25}$$

$$A_4 = \sum_{i=1}^{m} A_{4i} \quad A_5 = \sum_{j=1}^{m} A_{5j} \tag{4-26}$$

式中,I_D为区域干旱指标;D_4、D_5分别为4级和5级干旱等级值;A_{4i}、A_{5j}为研究区域内相应于4级和5级干旱所影响的部分分块面积;A_4、A_5为研究区域内相应于4级和5级干旱所影响的面积;m、n分别为区域内4级和5级干旱部分面积的块数;A为研究区总面积。根据式(4-25)计算的I_D值,可以将区域干旱划分为不同的等级(状态),划分等级的标准见表4-1,同时我们定义全区域不处于干旱状态时其状态值为1。

表4-1　干旱指标状态转换标准

状态值	分级标准	干旱程度
4	$5.0 \geq I_D \geq 4.0$	极旱
3	$4.0 > I_D \geq 2.0$	重旱
2	$2.0 > I_D > 0$	轻旱
1	—	不旱

4.3.3　实例分析——北京地区的干旱风险

北京地处华北平原,在季节降水上具有一定的代表性,降水资料较长,可以通过它对该地区干旱发生的长期特点进行研究。现以北京地区多年降水资料(1956~2001年46年的资料系列)为依据,运用马尔柯夫链风险评价模型对该地区的干旱进行风险评价。本次计算的单站降水资料系列来自7个地区,分别是北京蓟运河山区、北京潮白河山区、北京北运河山区、北京永定河山区、北京市北四河平原、北京大清河北支山区和北京市淀西清北平原。

4.3.3.1　数据预处理

利用该区5~9月的降水资料和上述的区域干旱等级状态的划分方法生成北京地区干旱指数的状态值矩阵(见表4-2)。

表4-2　干旱指数转换的状态值

时间(年份)	状态值									
1956~1960						1	4	1	1	3
1961~1970	3	3	2	1	4	2	1	4	1	2
1971~1980	3	4	1	1	4	1	1	1	1	4
1981~1990	4	2	3	4	2	2	1	2	4	1
1991~2000	1	4	4	1	1	1	4	1	4	3
2001	3									

4.3.3.2　利用风险评价模型进行风险估算

1)利用风险评价模型对未来年份的干旱风险进行预测

由于一步转移概率矩阵是多步转移概率矩阵和风险评价模型的基础,所以首先根据式(4-17)求得各状态的一步转移概率矩阵(见表4-3)。

表4-3　一步转移概率矩阵

	1	2	3	4
1	0.421 1	0.105 3	0.052 6	0.421 1
2	0.428 6	0.142 9	0.285 7	0.142 9
3	0.000 0	0.166 7	0.500 0	0.333 3
4	0.538 5	0.230 8	0.076 9	0.153 8

用上述转移概率矩阵可以根据式(4-18)求出从状态 i 经过 1,2,…,n步转移到状态 j 的转移概率。

由表4-2可知2001年的初始状态概率向量为

$$P(0) = (0,0,1,0)$$

根据式(4-19)及一步转移概率矩阵,可得未来5年(2002～2006年)中各年的状态概率向量(见表4-4)。

表4-4就是未来各年北京地区出现各种干旱状态的风险率。从表4-4可知,如果现有趋势不变,在未来5年北京地区最有可能出现的干旱状态依次是3、3、4、1、1。以2002年为例,表4-4的解释为:本年度出现概率最大的状态为重旱(概率为0.500 0),其次是极旱(0.333 3),再次是轻旱(0.166 7)和不旱(0.000 0)。从表4-4还可以看出,在1999～2003年期间,北京地区处于干旱状态的概率要比处于不旱状态的概率相对要大,这说明地区的暖干化趋势越来越成为我们重视的对象,我们应该及早采取强有力的抗旱救灾措施来对付干旱所造成的区域的水资源短缺风险。

2)评价模型的可信度讨论

为了对所建立的马尔柯夫链风险评价模型进行可信度分析,选择以 1996 为基准年，应用马尔柯夫链模型预测后面 5 年中各年的状态，再与实际状态值比较以验证模型的可靠性。

表 4-4　2002 ~ 2006 年的状态概率向量

预测年	状态概率向量				
2002	$P(1)$	0.000 0	0.166 7	0.500 0	0.333 3
2003	$P(2)$	0.250 9	0.184 1	0.323 3	0.241 7
2004	$P(3)$	0.314 7	0.162 4	0.246 0	0.276 9
2005	$P(4)$	0.351 3	0.161 3	0.207 3	0.280 3
2006	$P(5)$	0.368 0	0.159 3	0.189 7	0.283 2

由表 4-2 可知 1996 年的初始状态概率向量为

$$P(0) = (1,0,0,0)$$

从而可以得到 1996 年以后 5 年(1997 ~ 2001 年)的各年状态概率向量(见表 4-5)。

表 4-5　1997 ~ 2001 年的状态概率向量

预测年	状态概率向量				
1997	$P(1)$	0.421 1	0.105 3	0.052 6	0.421 1
1998	$P(2)$	0.449 2	0.165 3	0.110 9	0.274 7
1999	$P(3)$	0.407 9	0.152 8	0.147 4	0.292 0
2000	$P(4)$	0.394 5	0.156 8	0.161 3	0.287 7
2001	$P(5)$	0.388 2	0.157 2	0.168 3	0.286 5

由表 4-5 可以知道，从 1997 年至 2001 年的这 5 年中，如果现有趋势不变，各年最有可能出现的状态是 4、1、1、1、1，而实际值依次为 4、1、4、3、3。其中 1997、1998 年的预测值与实际值完全相符，其他 3 年的预测值则低于实际值。但是 1999 年出现状态 4 的概率仅小于出现状态

1 的概率,2000、2001 年虽然出现状态 3 的概率小于状态 1 和状态 4,但是可以发现这两年状态 3 出现的概率明显要比 1998 年以前出现的概率要大,这说明这种趋势在增大。考察表 4-5 可知,总的概率分布向量可以发现,各年最有可能出现的状态依次是 1(不旱),其次是 4(极旱)、再次是 2(轻旱)和 3(重旱),这是因为区域天气系统总是具有恢复正常状态的弹性。值得说明的是马尔柯夫链模型的预测结果是一个概率分布,而并不是一个单值,它只能预测出某一个状态发生的可能性大小,但并不能保证哪个状态一定发生。因此我们不能因为其中某些年的预测值与实际值不符而将评价模型否定,通过对马尔柯夫链风险评价模型的检验发现,利用该模型对未来年份进行干旱状态的预测还是有一定参考意义的。

4.3.4 结论与讨论

(1)本节针对区域干旱状态变化规律所具有的随机性特点,利用马尔柯夫链对区域干旱评估建立风险评价模型。利用该评价模型对区域干旱的变化态势进行预测,从而可以为区域的水资源管理机构提供一定的决策信息,以便及早采取抗旱救灾措施以保证区域工农业生产能够顺利进行。同时对所建立的风险评价模型的可信度进行了讨论。

(2)从表 4-2 可知,我们所建立的马尔柯夫链模型的 4 个状态都是常返的,即这 4 个状态存在平稳分布,按说可以通过式(4-20)和式(4-21)或式(4-22)来构建方程组并解得其平稳分布得出每种干旱状态的重现期,但是由于资料长度的有限使得干旱状态转移概率不能够充分地接近实际情况,所以即使求得了方程的解其可信度也是值得商榷的,因此对干旱指数的稳定状态概率和其平均返回时间只作理论上的介绍。

(3)本节所建立的模型不仅可以对区域干旱状态进行风险评估,实际上还可以考虑更多的状态,譬如考虑旱涝的各种状态,对区域的旱涝态势同时进行风险预测,这样所得结论会更加全面。

4.4 串联水库联合供水的风险分析研究

本节所研究的是串联供用水系统(见图 4-1)的水量短缺风险,是指在整个供水系统运行期间发生的供水水量小于需水水量的风险。为了消除人为因素对水资源系统不确定性的影响,本节假定对串联水库进行联合优化调度,从而可以获得在一定来水情况下水库系统的最大可供水量,区域需水量与最大可供水量的差便是所要求的缺水量,对区域缺水量系列进行统计便可得到区域缺水风险。为了研究来水和用水不确定性对串联供水系统造成的风险,本节依据实测资料先生成长系列的分配到月份的来水量系列,然后以月份为时段结合区域需水量对每一年的来水进行串联水库的联合优化调度以获取年最大可供水量,区域需水量系列是根据不同的降水年型确定的,最后对每一生成的不同来水年份进行缺水量的统计,对长系列水文年的统计便可以得到串联水库的缺水风险。

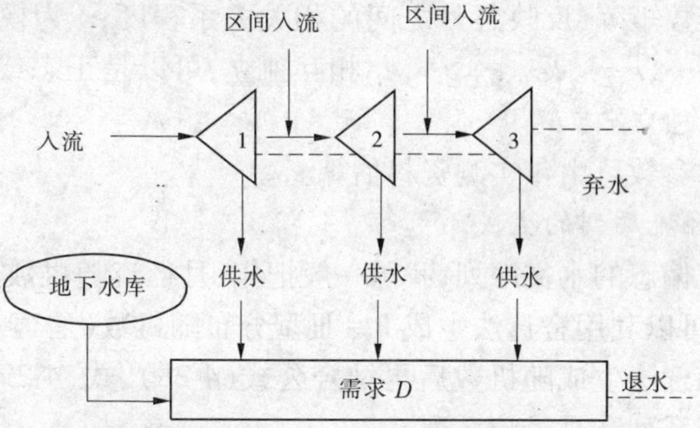

图 4-1　三串联水库与一地下水库联合供水的概化模型

4.4.1　水库的来水系列生成

为了计算串联水库联合供水系统的供水风险,首先要在实测资料的基础上生成长系列的来水过程,这是风险分析的基础。

4.4.1.1　来水过程年径流总量随机模型的建立

本节采用线性自回归模型,即 $AR(p)$ 模型来生成年来水总量系列 Q_t:

$$Q_t = \overline{Q} + \varphi_{p,1}(Q_{t-1} - \overline{Q}) + \varphi_{p,2}(Q_{t-2} - \overline{Q}) + \cdots + \varphi_{p,p}(Q_{t-p} - \overline{Q}) + \varepsilon_t \tag{4-27}$$

式中,Q_t 为第 t 年的径流量;$\overline{Q}$ 为序列的平均值;$\varphi_{p,1}$、$\varphi_{p,2}$、…、$\varphi_{p,p}$ 为自

回归系数或偏相关系数,反映在时间上的相依性;ε_t 为模型误差项,纯随机成分,一般假定为服从正态分布 $N(0,\sigma_\varepsilon^2)$。若令 $y_t = Q_t - \overline{Q}$,则式(4-27)变为

$$y_t = \varphi_{p,1}y_{t-1} + \varphi_{p,2}y_{t-2} + \cdots + \varphi_{p,p}y_{t-p} + \varepsilon_t \tag{4-28}$$

式(4-28)是中心化变量表示的自回归模型。

4.4.1.2　月径流随机模型的建立

本节采用相关解集模型(丁晶,1988)来生成月径流系列,该模型的公式为

$$Y = AQ + B\varepsilon \tag{4-29}$$

式中,Y 为各月月径流量,$Y = (y_1, y_2, \cdots, y_{12})^T$;$Q$ 为由公式(4-27)生成的年径流量;A 为模型参数,反映各月月径流量平均分配水平;B 为 12×12 的参数矩阵,反映各月之间的相关关系程度;ε 为模型残差项,$\varepsilon = (\varepsilon_1, \varepsilon_2, \cdots, \varepsilon_{12})^T$,$\varepsilon_1$、$\varepsilon_2$、…、$\varepsilon_{12}$ 相互独立,可以是正态或偏态分布,ε 与 Q 相互独立。

以上各参数可由年实测资料估算。

4.4.1.3　径流序列的生成

对具有偏态的水文序列,我国一般把年、月径流随机数 ε 当做 P－Ⅲ型分布,可以利用舍选法生成 P－Ⅲ型分布随机数(詹道江,2001)。

利用舍选法生成随机数后再结合公式(4-28)、式(4-29)可以先后得到年径流系列和月径流系列。

4.4.1.4　模型及生成系列的检验

1)残差独立性检验

在模型及参数确定后,根据实测样本 Q_t,用式(4-27)可推出残差序列 $\varepsilon_t (t = P+1, \cdots, n)$,由 ε_t 可计算其各阶自相关系数 r_K,再对 r_K 作独立性假设检验。当检验通过,即满足独立性,说明建模时对 ε_t 的独立性假定是成立的,否则要分析产生的原因。若 ε_t 序列存在密切自相关,就应考虑使用其他模型。

2)生成系列检验

一般要求生成序列与实测序列统计特征相近。如差异很大,要分析原因,若确实是模型结构问题,则应考虑改变模型。

4.4.1.5　上游来水与区间入流关系的处理

1)具有相关入流的情况

在这种情况下,利用模拟模型生成上游来水系列,再根据上游来水与区间入流的相关关系,用回归分析加某些附加项确定区间入流系列,即通过线性回归计算,检验上游来水与区间入流的相关系数,建立二者的相关关系,再通过线性回归计算得到区间入流系列资料。

2)入流相互独立的情况

在上游来水与区间入流相关关系不明显,二者近似独立的情况下,可以分别建立模型来模拟上游来水与区间入流的径流系列资料。

4.4.2　为获取最大年可供水量的优化调配数学模型

在获取水库来水系列和区域降水资料的基础上,可以通过对串联水库系统与地下水库进行联合优化调度获取系统的最大可供水量。设某供水系统共有 N_1 座地表水库,且各水库均可以进行逐日调节。为解决水库的动态控制问题,需按时空展开,将动态控制问题转化为静态问题求解。假定将一年分为 12 个时段,记作 $t=1,2,\cdots,12$,共有 M 年系列。由于在一年的不同时段农作物的需水规律不同,所以各时段的供水量也不同。在实际问题中,由于对河流的过度开发往往使得河流出现断流现象,所以本模型考虑在约束条件中加入生态环境需水量约束。

根据上述条件,选择模型的决策变量及待求的未知量,各地表水库第 $t(t=1,2,\cdots,T_1)$ 时段的供水量,以 $W_{t,g}^{n_1}(n_1=1,2,\cdots,N_1)$ 表示;各地下水库第 $t(t=1,2,\cdots,T_2)$ 时段的供水量,以 $W_{t,g}^{n_2}(n=1,2,\cdots,N_2)$ 表示;各水库第 t 时段的弃水量,用 $W_{t,q}^{n_1}(n=1,2,\cdots,N_1)$ 表示;各水库间第 t 时段的输水量,记作 $x_t^{n,m}(n,m=1,2,\cdots,N_1)$,其中$(n,m)$表示第 n 水库向第 m 水库输水;各水库第 t 时段初的蓄水量,用 V_t^n 表示,第 t 时段末蓄水量用 V_{t+1}^n 表示。

4.4.2.1　目标函数

1)供用水系统年可供水量最大

$$Z_1 = \max\left(\sum_{t=1}^{T_1}\sum_{n_1=1}^{N_1} W_{t,g}^{n_1} + \sum_{t=1}^{T_2}\sum_{n_2=1}^{N_2} W_{t,g}^{n_2}\right) \tag{4-30}$$

式中，Z_1 为历年 N_1 座地表水库与 N_2 座地下水库年供水量之和最大的目标函数；地表水库的管理时段数 T_1 与地下水库的管理时段数 T_2 一般不相等，地表水库一般以月为时段，而地下水库一般以季为时段，本节都以月为时段进行计算。

2）供水净效益最大

$$Z_2 = \max\left(\sum_{i=1}^{N}\sum_{j=1}^{M} a_{ij} W_{i,t}^{j} - c\right) \tag{4-31}$$

式中，M 为用水部门总数，分别为工业用水、农业用水和水力发电用水；a_{ij} 为第 i 个水源工程供给第 j 个用水部门的单位水量产生的毛效益，元；$W_{i,t}^{j}$ 为第 i 个水源工程供给第 j 个用水部门第 t 时段的水量，该水量的效益可以重复计算（黄强，1999），如发电的水可以供给城市和农业灌溉用；c 为供水系统的固定资产折旧及运行费用的折现值。

4.4.2.2　约束条件

（1）保证率约束。在考虑供水优先级的情况下各部门供水保证率应达到设计保证率要求，即居民生活供水和工业供水的保证率达到95%以上，重点计算农业的供水风险。

（2）各水库各时段的水量平衡方程。串联水库系统中任一个水库，在第 t 时段的来水量（包括天然入流和受控入流）及出水量间应满足水量平衡方程，即：

$$V_{t+1}^{n_1} = V_t^{n_1} + W_{t,r}^{t_1} + \sum_i \xi_t^{(l,n_1)} x_t^{(l,n_1)} - \sum_m x_t^{(n_1,m)} - W_{t,g}^{n_1} - \Delta W_t^{n_1} - W_{t,q}^{n_1},$$
$$n_1 = 1,2,\cdots,N_1, t_1 = 1,2,\cdots,T_1 \tag{4-32}$$

式中，$W_{t,r}^{n_1}$ 为第 t 时段第 n_1 水库的天然入库水量；$\xi_t^{(l,n_1)}$ 为第 t 时段第 l（$l \neq n$）水库向第 n_1 水库输水的效率系数；$\Delta W_t^{n_1}$ 为第 t 时段第 n_1 水库的损失水量。

上式是水库状态转移方程。

（3）水库库容（水位）约束。串联系统中任一水库，第 t 时段末的蓄水量不能超过相应水库允许的最大蓄水量，也不能低于相应水库的死库容，即

$$V_s^{n_1} \leqslant V_{t+1}^{n_1} \leqslant V_{t,\max}^{n_1}, \forall t, n \tag{4-33}$$

式中，$V_s^{n_1}$ 为第 n_1 水库的死库容；$V_{t+1}^{n_1}$ 为第 n_1 水库第 t 时段末的蓄水量；$V_{t,\max}^{n_1}$ 为第 n_1 水库第 t 时段末的允许最大蓄水库容，在汛期是防洪限制水位相应的库容；在非汛期，是正常蓄水位相应的库容。

(4)水库的泄水能力约束。各水库任一时段的弃水量不能超过相应水库的最大泄水能力，即

$$W_{t,q}^{n_1} \leqslant q_{\max}^{n_1}, \forall t, n_1 \tag{4-34}$$

式中，$W_{t,q}^{n_1}$ 为第 n_1 水库第 t 时段的弃水量；$q_{\max}^{n_1}$ 为第 n_1 水库第 t 时段的最大泄水能力。

(5)水电站水头、水量、出力约束。

(6)供水渠道过流量约束。

(7)河流系统生态环境需水量约束。任一时段，串联水库系统对下游的泄水量应大于河流系统生态环境需水量。对于一般河流而言，其生态环境需水量包括三部分(李丽娟，2000)，有河流基本生态环境需水量、河流输沙排盐需水量和湖泊洼地生态环境需水量。

$$W_{t,q}^{n_1} \geqslant W_s, \forall t, n \tag{4-35}$$

式中，W_s 为河流系统生态环境需水量。

(8)地下水库的水量平衡方程。地下水库的水量平衡计算是比较灵活的，它与模型所研究的深度和数据之间的精度有关，它不必像解决地下水动力学那样建立一组精密的有限元方程，但应考虑地下水库水位随地下水的抽取、补给、排泄而变化，以及随时间的变化情况。

(9)地下水库抽取上限约束。每个地下水库的运用要受到地下水位埋深上下限的限制。而对地下水的开采受时段内的该单元总的工程开采能力限制，多年平均则以地下水可开采量为限制。地下水全年超采总量应控制在20%范围内，原则上对深层地下水采取保护开采。

(10)需水量的约束。任一时段，水库与地下水库的供水量之和不能超过总的需水量，即

$$W_{t,g}^{n_1} + W_{t,g}^{n_2} \leqslant W_{t,x}, \forall t, n \tag{4-36}$$

式中，$W_{t,x}$ 为第 t 时段的最大需水量。

(11)非负约束。上述各式中各决策变量应大于等于零。

上述约束条件(2)～(7)为地表水库的约束条件，约束条件(8)、

(9)为地下水库约束条件,其他约束为全局性约束条件。根据上述模型计算的可供水量由于排除了人为操作失误对供水短缺的影响,所以该供水量是供水系统的最大可供水量。

如果在上述的两个目标函数中任选其一可以与约束条件(2)~(11)组成单目标的线性规划模型,可以利用线性规划软件包求解。在实际问题中可以对约束条件作适当的选择。如果同时考虑两个目标函数则组成一多目标规划模型,对其求解可以采用模糊带权改进目标协调法(谢新民,1993)。

4.4.2.3 需水量约束的处理

(1)首先对实测序列资料进行排频计算,可以得到25%、50%、75%、95%等不同频率所对应的年径流量。

(2)对随机模拟所生成的年来水系列进行判断,对来水总量小于25%频率所对应的年径流量部分采用供水保证率为25%时的灌溉定额,其需水量也对应为该灌溉定额情况下的综合需水量;对来水总量为25%~50%、50~75%、大于75%频率的部分分别采用供水保证率为50%、75%、95%的灌溉定额,其需水量为相应灌溉定额情况下的综合需水量。

4.4.3 综合需水量的确定

供水区域的用水包括居民生活用水、工业用水、农业用水和其他用水等。从用水角度分析,工业、居民生活等用水行业是相对稳定的,并不随降水年型的变化而有较大的波动,而农业用水与区域降雨密切相关,所以农业需水系列是一个随机过程。农业需水主要是农田灌溉需水,通过灌溉面积、灌溉定额、灌溉输水有效利用系数等可进行农田灌溉水量的计算和预测。由于资料的限制,本节依据25%、50%、75%、95%四种灌溉保证率下的灌溉定额和不同的灌溉规模来计算年农业需水量,再根据农业水分配系数分配到各月。工业、生活和其他需水量并不随降水年型有较大变化,在一年中用水量的变化也可忽略不计,故取其平均值。综合需水量为每月的工业需水量、农业需水量、居民生活需水量和其他需水量之和。

4.4.4 缺水风险统计分析

供用水系统的风险性能指标可以有很多的定义(王道席,2001),如供水量占需水量的比率、用水户有水供应的时间比率、单位时间内失事的次数、单位时间内的最大缺水量等。本节定义供水系统失事的性能函数为

$$X = \sum_{j=1}^{M} W^{\text{need}}(j) - \sum_{i=1}^{N} W_{t,g}^{\text{sup}}(i) \tag{4-37}$$

式中,X 为第 t 时段的总缺水量;$\sum_{i=1}^{N} W_{t,g}^{\text{sup}}(i)$ 为第 t 时段供水系统的总供水量,i 为水源的序号,N 为地表、地下水源总数;$\sum_{j=1}^{M} W^{\text{need}}(j)$ 为第 t 时段用水系统的总需水量,j 为需水部门序号,M 为用水部门总数。

由于来水过程和用水过程都是随机变量,所以缺水量 X 也是一个随机变量,若它的分布密度函数为 $f(x)$,则决策指标不小于某一规定值 x_0 的概率计算为

$$P(X \geqslant x_0) = \int_{x_0}^{+\infty} f(x)\,\mathrm{d}x \tag{4-38}$$

设随机试验次数为 N,统计缺水量 X 落在缺水区间 x 的次数是 M,则缺水量 X 在缺水区间 x 的频率统计为 $\varphi(X = x) = M/N$,在样本容量足够大的情况下该频率可视为概率(费宇红,2001)。

4.4.5 实例研究——以石家庄地区供水系统为例

石家庄地区的供水系统(见图 4-2)主要是由位于滹沱河上的岗南水库和黄壁庄水库组成的串联系统(以下简称岗 - 黄系统)与地下水系统联合组成的。在岗南水库与黄壁庄水库之间有支流冶河加入,岗南水库通过对黄壁庄水库的合理输水实行两水库的联合调度,从而实现对供水区的供水。岗 - 黄水库串联系统是整个滹滏平原和石家庄滏西平原唯一的水库供水工程,而对邢台滏西平原供水的工程除了上述系统外,还有临城和朱庄水库对其进行供水。需要说明的是石津灌区只是本节研究区的一部分。根据前述风险分析的思想,本次研究主要考察岗 - 黄水库串联系统与地下水库联合供水的风险,优化调配模型采用考虑目标(1)的单目标规划模型,具体的风险分析计算流程如

图 4-3 所示。

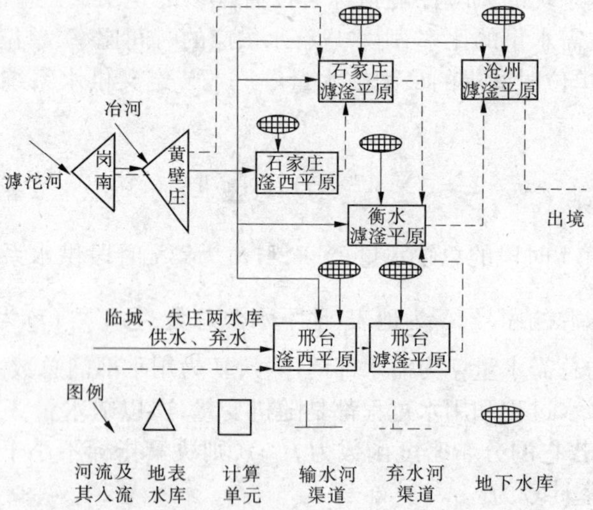

图 4-2　石家庄地区串联水库联合供水系统概化图

本次计算根据现状年 1998 年的需水资料，在现有工程的基础上对供水系统进行风险分析。对具体研究系统建立数学模型时，为简化计算工作量，输水渠系和河系水量损失均忽略不计，故这种供水量为毛供水量；滹沱河冲积平原由于山前水库的拦蓄，平原河床自 20 世纪 70 年代末期开始常年断流（费宇红，2001），所以在求岗 - 黄串联系统的供水风险时应考虑生态环境蓄水量的约束；地下水在干旱年份可适当超采（不超过 20%），丰水年份减少开采，使得区域地下水多年平均不超采；黄壁庄水库的供水对其直接相连的 5 个受水计算单元的供水比例各为 20%；适当考虑地表水地下水库的重复量。

4.4.5.1　各时段需水量的确定

现状年份供需分析的需水量中，城镇居民生活用水基本未遭破坏，认为需水与用水平衡；农村生活用水绝大多数为地下水，认为需水与用水基本平衡；工业用水基本正常，未受较大破坏，需水与用水基本平衡；城市河湖蓄水量按实际用水量计；农业的灌溉需水是风险分析中需水方面最大的不确定因素，分别按不同的降水保证率下的灌溉定额计算。

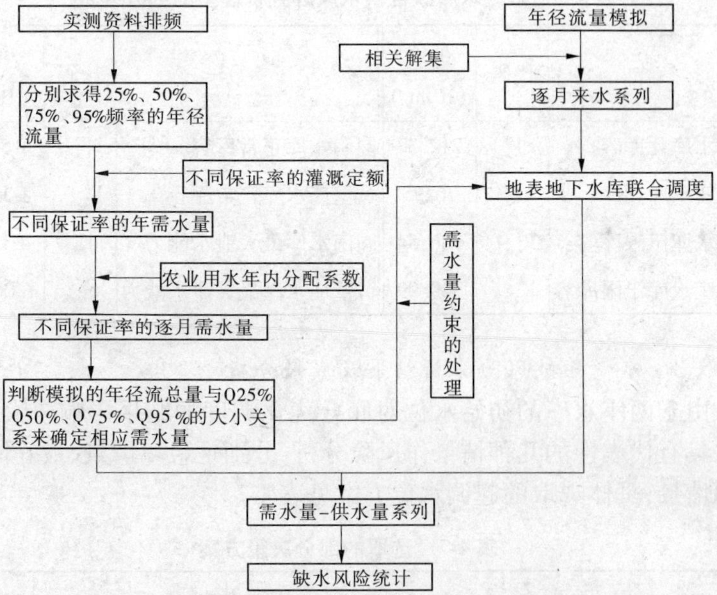

图 4-3　石家庄地区串联水库联合供水系统风险分析计算流程

4.4.5.2　优化调配数学模型参数

在有了供水区域需水过程后，对模型进行计算还应具有其他模型参数（见表 4-6）；而水量损失过程本次计算只考虑水利工程的蒸发损失；地下水的水文地质参数参考了海河流域水资源规划的专题报告❶；根据李丽娟（2000）的测算，滹沱河（黄壁庄站）的生态环境需水量应包括河流基本生态环境需水量和河流输沙排盐需水量，其中月平均基本生态环境需水量为 0.226 亿 m^3，而河流汛期的输沙排盐总水量为 4.51 亿 m^3，即黄壁庄水库的下泄水量在汛期应至少保持在 1.729 亿 m^3 以上，非汛期保持在 0.226 亿 m^3 以上，这便是模型的生态环境需水量约束。

❶ 《海河流域地下水资源现状评价及典型区环境地质效应分析》，海河流域水资源规划专题报告，2001.6.

表 4-6　串联水库联合供水风险分析模型的部分参数

参数	代码	取值（$10^6 m^3$）	参数	代码	取值（$10^6 m^3$）
岗南水库死库容	V_s^g	212.37	岗南水库正常库容	$V_{t,max}^g$	1 517.55
黄壁庄水库死库容	V_s^h	76.95	黄壁庄水库正常库容	$V_{t,max}^h$	1 172.97
岗南水库汛限库容	$V_{t,max}^g$	986.54	岗南水库最大泄水能力	q_{max}^g	4 121.28
黄壁庄水库汛限库容	$V_{t,max}^h$	549.99	黄壁庄水库最大泄水能力	q_{max}^h	6 065.28

4.4.5.3　水量短缺风险分析结果及成果分析

由于两座水库的初始水位对联合优化调度的结果影响较大，本节选取具有代表性的几种情景作风险分析，分别是最坏情景、最好情景和中间情景，具体选取的起调水位方案见表 4-7。

表 4-7　选取的部分决策方案

情景方案	岗库初始水位（m）	岗库初始库容（$10^6 m^3$）	黄库初始水位（m）	黄库初始库容（$10^6 m^3$）
最坏情景 1：干旱期两库都是死水位	180	212.37	110	76.95
最坏情景 2：汛期来临两库都是汛限水位	207.7	1 517.55	127.6	1 172.97
中间情景	190	504.37	105	262.60
最好情景 1：干旱期两库达到正常蓄水位	200	986.54	120	549.99
最好情景 2：汛期来临之前两库都达到死水位	180	212.37	110	76.95

按上述计算流程，利用 Delphi 语言编制计算机程序，并将模型参数输入，可以计算出各方案各计算单元的各种用水的水量短缺风险。限于篇幅，这里只列出所选中间情景方案的缺水风险统计结果（见表 4-8、表 4-9）。

由于在计算过程中考虑了生活用水和工业用水的保证率约束，同时也考虑了供水的优先级，即先保证河道内的生态用水，然后是生活供水，再次是工业供水，最后是农业供水，因此实际上求出的缺水基本上都是农业缺水。

从表4-8的计算结果可以看出，一年的12个月中，只有1月、2月和12月从来不缺水，而其他时段或多或少都存在缺水现象，这其中3月、4月、5月和6月缺水现象最为严重，特别是5月、6月的缺水量分别在0.33亿m^3和0.32亿m^3以上。这正体现了来水和用水量的不确定性对区域供水风险造成的影响，工程入流较大的时候（7月、8月、9月）供水风险较小，同时用水需求较小的时候（1月、2月、10月、12月）供水风险同样较小，而在3月、4月、5月和6月，一方面来水量非常小，另一方面正是灌溉用水季节，用水需求很大，所以造成一年中的这个时段供水风险最大。风险分析结果表明，5月份的缺水量最大可以达到2.89亿m^3，即使在平水年份（50%）其缺水量也达2.4亿m^3，可见区域缺水现象十分严重。

表4-8　中间情景方案风险分析结果

缺水量	缺水概率											
（10^6m^3）	1月	2月	3月	4月	5月	6月	7月	8月	9月	10月	11月	12月
0	1.000	1.000	0.140	0.093	0	0	0.116	0.581	0.581	0.535	0.233	1.000
>0	0	0	0.860	0.907	1.000	1.000	0.884	0.419	0.419	0.465	0.767	0
≥100	0	0	0.767	0.488	0.953	0.860	0	0	0	0	0	0
≥200	0	0	0.047	0	0.907	0	0	0	0	0	0	0
≥300	0	0	0	0	0	0	0	0	0	0	0	0

表4-9　中间情景方案年缺水风险

缺水量（10^6m^3）	≥600	≥700	≥800	≥900	≥1 000
缺水概率（%）	0.767	0.465	0.116	0.047	0

从年总缺水风险来考察，我们发现在平水年份（50%），供水区域的年缺水量达6.84亿m^3，即多年平均缺水量为6.84亿m^3，来水频率$P=75\%$、$P=95\%$时，全区域将分别缺水7.56亿m^3、9.44亿m^3。值得

说明的是,本次计算实际上只是对区域供需水计算的第一次平衡,得出的供水风险比较大的结论是合理的,为了使得区域水供需达到平衡就需要采取开源节流等工程和非工程措施,例如调整产业结构来消减需水,提高污水利用率来增加供水措施等。在此基础上对现状水平年再做第二次供需平衡,这时的缺水风险必然会降低,这些都是风险管理措施的研究范畴,是值得进一步研究的内容。

4.4.6 结论与讨论

(1)本研究考虑了来水和用水的不确定性对供水系统造成的供水短缺风险,把优化调配数学模型引入到串联水库联合供水的风险分析中来,排除了人为操作失误对水资源风险造成的影响,这样所求得的串联水库可供水量是最大可供水量,得到的区域供水短缺和供水短缺风险是一个比较绝对的量。

(2)由于在优化调配模型中采用了需水约束条件,这样得到的最大可供水量也不会超过各时段的需水量,所以风险计算的最好结果只是不缺水(即缺水量为0),而风险的统计则实际上是缺水风险统计。

(3)为了克服对水库系统进行优化调度所造成的断流现象,本节在优化调配模型中加入了生态环境需水量约束,这样计算得到的供水系统风险更具有实际意义。由于本次计算采用的供水模型是一种优化模型,所以在供水调配的时间上并未造成人为地供水集中破坏现象。

(4)由于本次计算中,黄壁庄水库向五个供水区域的分水比例采用的是固定的0.2,所以造成了一种供水区域上集中破坏的现象,即同一时段有的计算单元缺水严重而另外的区域则有可能产生弃水,克服这种现象的有效办法是逐时段的对分水比例进行调整,这是降低供水风险的有效措施之一。

4.5 基于系统模拟的区域水资源短缺风险分析——以首都圈为例

本节所研究的首都圈区域供用水系统实际上是一个复杂的水库群系统与地下水库联合向区域供水的系统。为了比较客观真实地反映区域水资源系统的现实供水风险,本次采用基于系统模拟思想的区域水资源供需平衡模型对京津首都圈的水资源短缺风险进行估计。

4.5.1 水资源供需平衡思路

在维持首都圈区域经济社会可持续发展、水资源可持续利用以及保护生态环境的原则下，综合考虑首都圈各地区近期、中长期总体规划和各专项规划，通过拟定不同的水资源开发利用和生态环境保护情景，利用宏观经济模型、水资源供需平衡分析模拟模型等对首都圈区域进行系统分析和长系列模拟计算，分析在规划水平年下的水资源供需平衡状况，研究在现有供水工程情况和考虑未来需水增加后，区域水资源系统所面临的缺水风险状况。

4.5.1.1 规划水平年

根据研究的需要，本次水资源模拟供需平衡研究以 2010 年、2020 年和 2030 年作为规划水平年进行一次供需平衡，来研究在现有水利工程和供水条件下，规划水平年首都圈所面临的缺水情况。

4.5.1.2 计算分区

首都圈水资源分区如下：北京蓟运河山区、北京潮白河山区、北京北运河山区、北京永定河山区、北京北四河平原、北京大清河北支山区、北京淀西清北平原；天津蓟运河山区、天津北四河平原、天津淀东清南平原。

各分区及其面积见表 4-10。

4.5.2 水资源供需平衡的方法

采用水资源供需平衡方法对于具有多水源、多水利工程及多用水对象特性的动态水资源系统中的各种复杂关系（如多种水源的联合调度、不同区域或用水户间的用水协调问题、水资源工程措施和非工程措施的综合利用等），能够进行比较客观地反映，可以研究在不同方案条件下的水资源配置对水资源供需平衡结果的影响，从而确定合理的水资源配置方案。

本次水资源供需平衡分析采用长系列进行逐月调算，模型的输入为 1956 ~ 1998 年 43 年的来水资料和 2010 年的用水需求预测，输出为 2010 年一次供需平衡后各计算单元的各种用水的缺水量系列以及水库调度的水库库容系列。

表 4-10　首都圈水资源分区

省(市)	计算单元	面积(km^2)
北京市	蓟运河山区	689.0
	潮白河山区	4 605.0
	北运河山区	1 000.0
	永定河山区	2 491.0
	北四河平原	5 796.0
	大清河北支山区	1 615.0
	淀西清北平原	604.0
	合计	16 800.0
天津市	蓟运河山区	727.0
	北四河平原	5 752.0
	淀东清南平原	4 826.0
	合计	11 305.0

长系列分析方法和缺水概率的概念解决了传统供需分析方法中各分区同频率相加的问题。由于区域内各地区降水和来水丰枯差异很大,很难找到全区域同属一个来水保证率的典型年。用各分区不同年份某一来水保证率的缺水量相加,概念上存在严重缺陷,实际上也很难同时发生。

长系列分析方法解决的另一个重大问题是反映了大型水库和地下水的多年调节作用。有众多水利工程的区域对天然来水有较强的调节能力,降雨少的年份不一定是缺水最严重的年份。控制地下水不超采,并不是每年都不超采,在枯水年仍可以在一定限度内超采,在丰水年要减少开采,保证多年平均不超采。这从另一个侧面也说明采用长系列进行水资源供需分析的必要性,用典型年分析一般不可能得到这个结果。

4.5.3 水资源系统供需分析的步骤

4.5.3.1 绘制水资源系统网络图

水资源系统网络图包括了进行基本水资源供需平衡的计算单元、系统水资源的输入量、对水资源需求的用水户或供水对象,以及对系统水量进行调节和输送的水利工程和河渠等。首都圈系统网络示意图见图4-4和表4-11。

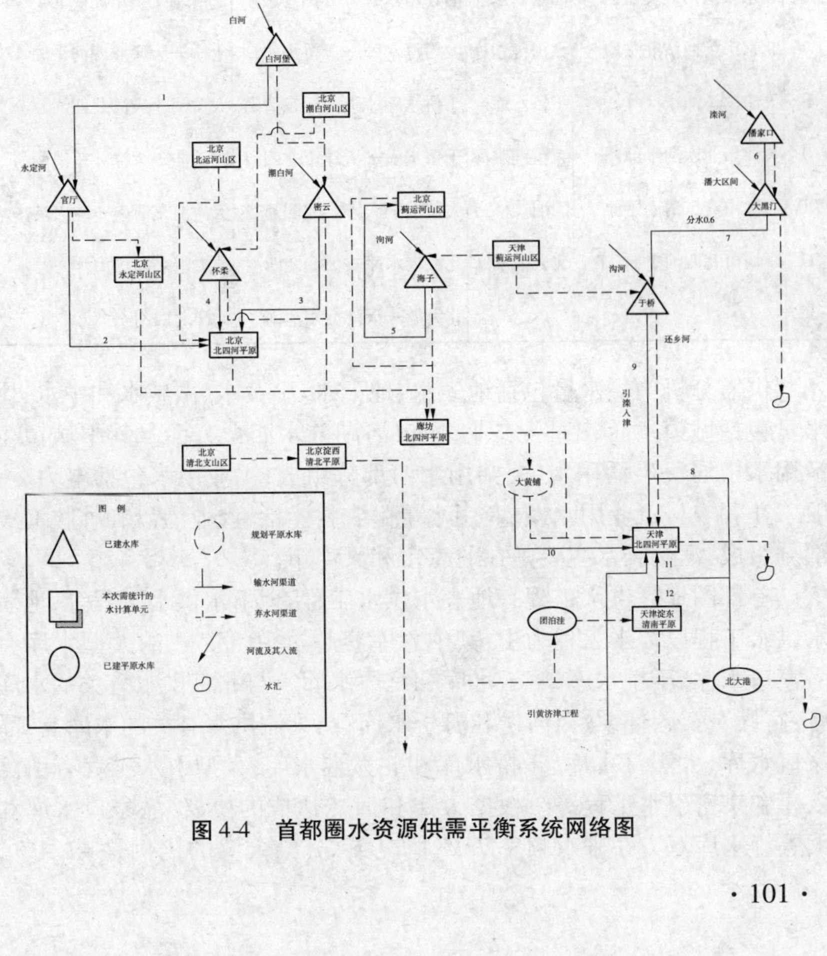

图4-4 首都圈水资源供需平衡系统网络图

表 4-11　首都圈水资源系统网络图要素

序号	计算单元	供水工程	供水渠道	弃水渠道
1	北京蓟运河山区	官厅水库	白河堡水库—官厅水库	官厅—北京市永定河
2	北京潮白河山区	白河堡水库	官厅水库—北京市北四河	北京北运河—北京北四河
3	北京北运河山区	密云水库	密云水库—北京市北四河	白河堡水库—密云水库
4	北京永定河山区	怀柔水库	怀柔水库—北京市北四河	北京潮白河—北京市北四河
5	北京市北四河平原	海子水库	海子水库—北京市蓟运河	北京蓟运河—廊坊北四河
6	北京大清河北支山区	潘家口水库	潘家口水库—大黑汀水库	京清北支—京淀西北
7	北京市淀西清北平原	大黑汀水库	大黑汀水库—于桥水库	于桥—天津北四河平原
8	天津蓟运河山区	于桥水库	于桥水库—天津淀东清南	大黄铺—天津北四河
9	天津市北四河平原	大黄铺水库	于桥水库—天津市北四河	团泊洼—天津淀东清南
10	天津市淀东清南平原	团泊洼	大黄铺—天津市北四河	天津淀东清南—北大港
11	廊坊市北四河平原	北大港水库	北大港水库—天津北四河	北大港水库—海洋
12			北大港—天津淀东清南	天津北四河—海洋

供需分析中供水量包括地表水、地下水、引黄水、微咸水和中水；用水量包括城镇生活、工业、农业、城市河湖补水四个方面。其中城镇生活用水由居民生活用水、公共用水两部分组成；工业用水包括电力、一般工业和农村工业用水；农业用水量由农村生活、农业灌溉和林牧渔三部分组成；河湖补水主要是在北京市和天津市。

首都圈地区供水工程有地表水供水工程、地下水供水工程等，地表水供水工程以蓄水工程为主，其中总库容超过 10 亿 m^3 的大型水库有潘家口水库、于桥水库、密云水库和官厅水库。与北京供水有关的水库有：官厅、密云、怀柔、白河堡和海子水库；与天津供水有关的水库有：潘家口水库、大黑汀水库、于桥水库和北大港水库；大型引水工程有引滦入津和京密引水工程等。根据天津和河北达成的协议，潘家口水库和大黑汀水库双方在来水频率 75% 情况下，分给天津的比例是 47.4%，分给河北的比例是52.6%。引滦入津工程的渠首位于大黑汀水库下游，借助大黑汀水库与潘家口水库的联合调度将水引至天津的于桥水库，并向天津的北四河平原和淀东清南平原供水，对两计算单元的供水比例可以适时调整。

水资源系统分析模型中的数学方程式有：

(1)模型的参数及决策变量。模型的参数主要包括模型的各类输入，即各类工程参数、水库的入流系列，计算单元的各类需水量、地表水、地下水资源量，城市污水产出率、处理率、利用率、排放率，灌溉回归系数，河渠过流能力、利用系数、渗漏系数，水库调度规则，供水工程分水比例，计算单元水资源利用比例；模型的决策变量是决定水资源供需平衡状况的指标，它包括水利工程向计算单元供给的城市和农村用水量，水库蓄变量，各计算单元不同水源的利用量、缺水量，河网调蓄量，污水处理、利用、排放量，河渠过水量。

由模型决策变量给出的结果可以得到水资源系统的供需平衡统计量，如可供水量系列、缺水量系列及供水风险、供水破坏深度(缺水程度)等。

(2)基本平衡方程及约束条件。本研究利用Delphi语言编制水资源供需平衡分析模拟模型系统，以基本水平衡方程和各类约束条件为基础，在追求水资源合理分配与利用的目标下，给出上述决策变量的具体量值。这些基本平衡方程及约束条件前面已经述及。

4.5.3.2 单元之间的供需分析顺序

各个计算单元之间如果是独立的，彼此之间没有水利联系，那么，先计算哪个单元都可以。然而，同一条河流上的不同单元，往往存在水力联系，特别是相邻的上下游单元，还有干、支流单元，必然存在水力联系。因此，必须按照一定的顺序计算。

有水力联系的计算单元的供需分析顺序，要遵照自上而下，先支流后干流的原则，逐个单元地进行。供需分析中所采用和得出的水利要素，如计算单元的工业、生活、农业用水的退水等，必须逐个单元平衡传递。

一般来说，区域包括几个甚至几十个计算单元，所以进行区域供需分析时，必须汇总协调各计算单元供需分析成果，重点研究整个区域供需情况。由于这些计算单元同属一个区域，上下游水流相联系，供需分析中采用的水利要素也上下相连，因此汇总协调整个区域的供需分析时，只能用区域典型年法或长系列法，一般不用同频率累加法。

用长系列法进行区域供需分析时，要以标准水文系列为基础，按照先上游、后下游，先支流、后干流的原则，逐个单元、逐个时段地进行系列调节计算，然后，把各个单元的水利要素相累加，形成全区域的供需分析系列成果，再针对这一成果进行频率分析，从而得到全区域不同水文频率下的供需分析成果。

整个区域的供需分析，必须汇总协调所有计算单元的供需分析成果，要求比较恰当、全面地反映出该区域的水资源供需关系，表达出该范围内供水设施的规模及其相应的水资源利用程度与效果。

4.5.4 首都圈国民经济发展预测

4.5.4.1 首都圈经济发展目标和发展态势

1）北京市未来 10 年的发展定位和战略目标

基本实现首都经济的现代化。到 2010 年，人均国内生产总值达到 6 000 美元以上；经济结构实现优化升级，第三产业比重达到 62%，高新技术产业占全市国内生产总值的比重达到 15%；基本实现农业现代化。全市国民经济和社会发展的总体思路是：着力实施科教兴国、可持续发展、城市化和中关村开发战略，在加强政治、文化和国际交往中心功能的同时，大力发展首都经济，实现国内生产总值比 2000 年翻一番，大力推进体制创新和科技创新，建设全国知识经济发展基地，显著提高四个服务水平，建首善之区，创一流城市，率先在全国基本实现经济、社会和城市的现代化。

根据党的十五大确定的“新三步走”战略部署，未来 50 年首都现代化建设的战略步骤是：第一个十年打好基础，到 2010 年，率先在全国基本实现社会主义现代化，构建其现代化大都市的基本框架；第二个十年巩固提高，到 2020 年，基本建成现代化国际大都市，使北京的现代化程度大大提高；再用 30 年的时间，即到 21 世纪中叶新中国成立 100 周年时，使北京成为当代世界一流水平的现代化国际大都市。

2)天津市“十五”期间的发展定位和战略目标

天津未来的经济定位为:在未来5~10年,把天津建设成为现代化国际港口大都市和我国北方重要的经济中心,建立起比较完善的社会主义市场经济体制,成为全国率先基本实现现代化的地区之一。

天津“十五”期间国民经济和社会发展的总体目标是:国民经济保持较高增长速度,结构调整、技术创新和对外开放取得重大突破,经济运行质量和效益显著提高,群众收入、生活环境和文化品位提升到新水平,体制和政策环境进一步完善,精神文明和民主法制建设得到新的加强,为完成新时期天津发展的历史性任务打下坚实的基础。主要的预期目标是:全市国内生产总值年均增长10%以上,人均国内生产总值2005年达到28 000元(按2000年价格)。

4.5.4.2　人口预测

人口预测包括总人口和其城乡分布两方面。人口预测主要是基于人口发展规律和人口计划与控制指标而进行的。在全国人口总量控制下,以省级行政区为计算单元,再结合区域人口的分布特点,进行首都圈区域计算单元人口预测。由于作为直辖市的北京和天津目前人口规模过于庞大,应严格控制其人口的膨胀,因而认为北京市和天津市人口最大规模应控制在1 500万人和1 200万人以内。人口的增长,必将伴随着人口向城镇迁移趋势的加快,故预计该区城镇化水平还在继续提高。在对人口发展进行预测时,首先需要考虑人口发展的途径、城镇化水平的发展趋势,以及《北京市国民经济和社会发展“九五”计划和2010年远景目标》、《天津市国民经济和社会发展“九五”计划和2010年远景目标》中所制定的发展目标,然后综合考虑诸多因素后对人口发展规模进行预测。

根据《首都圈水资源供需平衡》专题,对北京、天津两市人口分别预测后汇总到首都圈人口预测的高情景、中情景和低情景结果如表4-12所示。预测本区域总人口2010年约为2 400万人,届时全区域城镇人口约为1 892.4万人,城市化率为79.35%左右。按此预测,首都圈区域城镇人口将累计新增879万~1 029万人。可见本区城镇化压力巨大,但也为社会经济发展提供了广阔的市场空间和发展机遇。

表 4-12　首都圈总人口预测　（单位:万人）

分区	现状	总人口预测			城镇人口预测（城镇化率为中情景方案）		
		高情景	中情景	低情景	高情景	中情景	低情景
北京	1 278	1 340	1 330	1 310	1 098. 8	1 090. 6	1 074. 2
天津	912	1 100	1 055	1 025	836	801. 8	779
合计	2 190	2 440	2 385	2 335	1 934. 8	1 892. 4	1 853. 2

总人口的增加和人口的城镇化发展趋势,必将进一步加剧该地区日益紧张的水资源供需矛盾。人口的大量增加以及人口向城镇集中,使其面临的水资源供需矛盾更加尖锐。

4. 5. 4. 3　宏观经济发展预测

社会经济发展受诸多不确定因素影响,因而超长期预测存在不确定性。本次预测采用情景分析的方法,通过对不同发展情景的设定,预测各情景下的社会经济发展指标。预测的总体思路为:实施可持续发展战略,实现资源、环境和人口协调发展。

对于北京、天津两直辖市的经济发展规划为:有限度控制工业的过快发展,加强第三产业和高新技术产业发展,增强其政治、技术、金融、文化等的服务功能,强化城市建设,发展国际化大都市。根据北京、天津的经济发展定位目标,再结合首都圈地区过去 15 年来的 GDP 发展趋势,对 2010 年 GDP 的预测结果见表 4-13。

表 4-13　北京、天津 2010 年 GDP 发展预测　（单位:亿元）

分区	现状	高情景	中情景	低情景
北京	2 479	4 990. 5	4 762. 6	4 544. 2
天津	1 639. 4	3 377. 3	3 223. 5	3 075. 9
合计	4 118. 4	8 367. 8	7 986. 1	7 620. 1

预计到2010年首都圈GDP将达到7 620亿~8 367亿元。在中等发展情景下,2010年首都圈GDP预计达到7 986亿元,相应的经济发展速度为6.85%。由此可以看出,首都圈地区未来经济总量呈高速、扩张型增长。

4.5.4.4 工业发展预测

本次对于工业总产值的预测是根据过去的工业产值增长趋势,再结合《北方地区工业产业结构与布局发展趋势研究》的预测结果,经过认真的分析比较后得出的产物。基于宏观经济的预测结果,首都圈2010年工业总产值发展预测见表4-14。

表4-14 首都圈2010年工业总产值发展预测

指标	分区	现状	高情景	中情景	低情景
总产值(亿元)	北京	2 722.8	5 481.3	5 231.0	4 991.1
	天津	3 080.7	6 497.1	6 346.7	6 199.1
	首都圈	5 803.5	11 978.4	11 577.7	11 190.2
发展速度(%)	北京	30.8	7.2	6.7	6.2
	天津	17.5	7.7	7.5	7.2
	首都圈		7.5	7.2	6.8

2000年首都圈工业总产值为5 803.5亿元,预计2010年工业年均增长速度为6.8%~7.5%,则工业总产值将达到1.12万~1.20万亿元,在中等发展情景下,工业发展速度预计为7.2%,届时工业总产值将达到1.16万亿元。

4.5.4.5 农业发展预测

首都圈农业发展的指导思想是以经济效益为中心,大力发展现代农业和高附加值农业。通过积极发展科技型、生态型和旅游型农业,优化农业生产结构。至2000年,北京市的农业结构调整初步取得成效,在农业总产值中养殖业比重达到50.6%,比1995年提高5个百分点。各类经济作物占用耕地面积的比重由1995年的21%上升到28%。全年粮食产量144.2万t,主要农副产品产量实现较大幅度提高,肉类、蔬菜、牛奶产量均比1999年增长10%以上。天津市2000年农业生产克服严重旱灾的不利影响,加快结构调整步伐,保持了稳定的增长势头。全年农业总产值155.6亿元,比上年增长3.7%,其中种植业产值比上年下降4.8%,畜牧业产值比上年增长了24.2%,渔业产值比上年增长了0.8%,粮食生产由于播种面积调减和干旱影响,产量出现下降,全年粮食总产量比上年下降29.1%。天津市的农业结构调整的效果也非常明显,2000年全年调减粮食作物种植面积128万亩,增加优质高效经济作物种植面积67万亩,优质专用饲料玉米、优质饲草等种植面积大幅度增加。生猪、肉鸡、肉牛、奶牛和特种养殖快速增长,养殖业产值占农业总产值的比重提高到43%。

1)灌溉面积发展预测

农业是高投入低产出的产业,首都圈农业的发展应该走内涵式发展的道路,在巩固原有农田灌溉面积的基础上,依靠优化调整种植结构寻求发展。另外,随着我国成功加入WTO和全球经济一体化的发展,国外大量低价优质粮食将逐步进入我国粮食市场,对我国的粮食生产将产生巨大的冲击。在这种情况下,首都圈应大力发展优势农业,在基本保持原有农田灌溉面积不增加的条件下,通过调整种植结构增加首都圈农业的竞争力。

灌溉面积发展主要采用全国灌溉规划不同水平年相关省市灌溉面积发展计划(规划)作为发展的中方案(推荐方案),在此基础上,考虑发展的需要和可能,又提出了高方案,以及受到各方面不利因素制约影响的低方案。但不同水平年采用不同的作物种植结构、灌溉水的利用系数等。各方案不同水平年灌溉面积发展见表4-15。根据首都圈农业发展的实际情况,首都圈2010年的灌溉面积维持现状年水平,见表4-15。

表4-15　首都圈不同水平年农田灌溉面积预测结果　(单位:$10^3 hm^2$)

地区	高方案	中方案(推荐方案)	低方案
北京市	321.3	321.3	316.7
天津市	351.3	351.3	346.7
合计	672.6	672.6	663.4

2)种植业结构调整规划

现状年北京市粮食作物种植面积为191 430.9 hm^2，经济作物播种面积17 447 hm^2，蔬菜50 824 hm^2，其他播种面积69 545 hm^2。现状年天津市粮食作物播种面积为343 827 hm^2，其中小麦、稻谷、玉米的播种面积分别为121 550 hm^2、34 056 hm^2 和130 913 hm^2，棉花播种面积15 000 hm^2、蔬菜播种面积128 144 hm^2。

根据北京、天津农业结构调整的现状、特点及其调整所面临的形势，其农业结构调整的方向可以概括为：一是向外向型、科技型、高效型的种植业生产方向调整；二是向节约用水与土地资源高效利用方向调整。农业结构调整是以提高农产品质量安全水平为重点，调整优化农产品品种和品质结构，发展优质专用、鲜活的无公害农产品、绿色食品和有机食品，大力发展设施农业。

北京市种植业结构调整重点：北京市农业主要灌溉作物是水稻、冬小麦、蔬菜，除部分农田采用节水灌溉措施外，大部分采用大水漫灌的方式。在大量压缩水稻种植面积的同时，北京将继续调整种植业结构，使长期以来农业用水占全市用水总量 50% 的格局下调到 25% ~30%，并在 2008 年前使水稻完全退出北京农业。

根据《天津市率先基本实现农业现代化实施规划》，天津市在未来10 年内，在稳定粮食总产的基础上，进行产品结构优化调整，建立起粮食—饲料—经济作物的“三元结构”，进一步提高蔬菜生产水平，扩大经济作物和饲料作物面积，增加名、特、优、新品种，采用先进适用技术，实现种植业基地化、专业化生产经营。天津市种植业结构调整重点为：一是加快改革传统种植业；二是突出发展设施农业；三是大力发展新兴产业。主要分为：

(1)粮食生产：巩固提高以五县为主的粮食基地建设，大力提高单产，建设小麦、玉米吨粮田；优化结构，积极发展优质麦、优质稻、特种玉米和优质小杂粮生产。

(2)蔬菜生产：在现有商品菜生产基地的基础上，重点建设完善 10 万亩风险货源基地和万亩以上集中连片生产基地，积极发展设施化、工厂化无公害蔬菜生产。

(3)林果生产：巩固提高津西北优质果品基地，发展蓟县综合果品基地，建设南部优质小枣基地和滨海葡萄生产基地。

(4)积极建设和发展花卉、草坪等新兴产业基地。

(5)为保障粮食、饲料及其他工业原料的有效供给，支持企业在国家政策引导下，有计划地在外埠乃至国外开辟粮食、饲料及其他专用原料基地。

3)畜牧水产业发展规划

北京现状年全市生猪饲养量 415.6 万头，大牲畜存栏 23.6 万头，羊存栏 120.1 万头，家禽存栏3 369.2万只。肉类总产量 29.1 万 t，禽蛋产量 15.6 万 t，奶类总产量 30.3 万 t，已基本实现禽畜良种化、生产专业化、饲养标准化、防疫规范化。北京现有水面面积23 494.5 hm^2，其中已利用水面面积22 760.6 hm^2，长年捕捞量75 044 t。现状年北京市有林果灌溉面积 59 900 hm^2，草场灌溉面积 3 470 hm^2，鱼塘 8 780 hm^2。

天津现状年全市生猪饲养量 154.12 万头，大牲畜存栏 31.59 万头，羊存栏 65.17 万头，家禽存栏2 642.93万只。肉类总产量 29.49 万 t，禽蛋产量 25.6 万 t，奶类总产量 16.52 万 t。近年来天津的渔业生产已从生产速度型转向效益速度型，水产开发和产业、产品结构调整速度加快，综合生产能力日益加强，2000 年天津水产品总产量达到 24.22 万 t。

现状年天津有林果灌溉面积29 700 hm^2，根据《天津市率先基本实现农业现代化实施规划》，未来天津的畜牧水产业的发展方向为稳定生猪、蛋鸡生产，突出发展草食型、节粮型畜禽生产和特种养殖，扩大海、淡水养殖面积，提高设施水平，增加经济效益。到 2010 年，养殖业产值占农业总产值的比重达到 50% 以上。

主要分为：

(1)肉类生产：巩固提高蓟县、宝坻、武清、宁河四个国家级瘦肉型猪生产基地，建设提高以武清、蓟县国家级秸秆养牛示范县为主的肉牛生产基地，发展肉羊、肉鸡等肉类生产，改善肉类生产结构。

(2)蛋类生产：巩固提高蛋鸡生产基地，蛋类产量稳定在 20 万 t 以上。

(3)奶类生产:巩固提高农垦系统奶牛基地,积极发展远郊奶牛生产,使全市奶牛存栏和鲜奶产量有较大幅度增加。

(4)渔业生产:建成60万亩海淡水养殖基地。重点建设以名特优新品种为主的淡水池塘10万亩、高产精养集约化海水养殖基地7万亩,积极推广稻田养殖。养护和合理利用近海渔业资源,积极发展远洋渔业。

通过综合分析,对首都圈林牧草的灌溉面积发展设定三种情景,分别是高、中、低方案,见表4-16。由于水资源承载力的原因,对于淡水鱼塘面积原则上不能再发展,预测规划水平年保持现状年的水平,即北京8 780 hm^2,天津的淡水池塘现状年没有统计数据,2010年后的池塘发展规划采用《天津市率先基本实现农业现代化实施规划》中的数据,即6 700 hm^2。

表4-16 首都圈林地、果园、牧草发展规划 (单位:10^3 hm^2)

地区	面积	现状年(2000年)	高方案	中方案	低方案
北京市	面积达到	63.4	96.13	93.8	90.3
	年均增长率(%)	6.3	4.25	4.0	3.6
天津市	面积达到	29.7	60.1	55.8	53.2
	年均增长率(%)	7.2	7.3	6.5	6.0
首都圈	面积达到	93.1	156.2	149.6	143.5
	年均增长率(%)		5.3	4.9	4.4

4.5.5 首都圈区域国民经济需水预测

4.5.5.1 用水现状分析

1)北京市用水现状分析

2000年北京全市工业、城镇生活和农村共用水40.40亿m^3。按用水性质分:工业用水10.52亿m^3,城镇生活用水(城镇居民生活用水和公共用水)9.76亿m^3,河湖补水0.43亿m^3,农村用水(农业灌溉和农村生活用水)19.69 亿 m^3。全市工业、城镇生活用水共计 20.28 亿 m^3,其中城镇生活用水占 48.2%,工业用水占 51.8%。

以水源来分,全市 2000 年用地表水 13.25 亿 m^3,占全市用水量的 32.8%;用地下水 27.15 亿 m^3,占全市用水量的 67.2%。水资源利用情况见表 4-17。

表 4-17 2000 年北京市水资源利用情况 (单位:亿 m^3)

分项	用水量	用水水源分类		
		地表水	地下水	合计
工业	10.52	5.27	5.25	10.52
城镇生活	9.76	3.26	5.31	8.57
河湖补水	0.43	0.43	—	0.43
农村用水	19.69	3.39	16.59	19.98
合计	40.4	12.35	27.15	39.5

(1)工业用水及分析。

工业用水可以分为火电工业用水、城镇一般工业用水和农村一般工业用水。2000 年北京火电工业产值 21 亿元,用水量 2.27 亿 m^3,万元工业产值用水量为1 080.95 m^3。城镇一般工业和农村工业总产值2 706亿元,用水量 8.25 亿 m^3,万元工业产值用水量30.49 m^3。在工业用水量中,地表水 5.27 亿 m^3,地下水 5.25 亿 m^3,其中农村工业用水基本上依靠的都是地下水。在城镇工业总用水量 8.44 亿 m^3 中,地下水占 3.19 亿 m^3。

(2)城镇生活用水及分析。

城镇生活用水包括城镇居民生活用水、城镇公共用水和河湖环境补水。2000 年北京城镇生活用水总量为 10.19 亿 m^3,其中地下水 5.31 亿 m^3,地表水 3.69 亿 m^3。在城镇生活用水中实际上还包含了 0.43 亿 m^3 的河湖环境用水在内,这部分用水大部分为地表水源供水。按人口分,2000 年北京人均生活用水定额为 353.9 L/(d·人)。

(3)农村用水分析。

农村用水包括种植业、果林、鱼塘和人畜饮水等各项用水。2000年北京市农村用水19.69亿m^3，其中用地表水3.1亿m^3，用地下水16.59亿m^3。按用途分：农田灌溉用水13.80亿m^3，林牧渔用水2.69亿m^3，农村生活用水3.20亿m^3；农田灌溉用水中，水田、旱田、菜田用水量分别为2.68亿m^3、6.93亿m^3、4.19亿m^3，其中地下水用量为11.26亿m^3；林牧渔用水中，林果灌溉、草场灌溉、鱼塘补水用水量分别为1.43亿m^3、0.08亿m^3、1.18亿m^3，其中地下水用量2.22亿m^3；农村生活用水中，农村居民、牲畜用水量分别为2.66亿m^3、0.54亿m^3，其中地下水用量为3.11亿m^3。2000年北京市农村各项用水量见表4-18。

表4-18　2000年北京市农村各项用水量

分项	种植业	果林	渔业	人蓄	合计
地表水(亿m^3)	2.54	0.47		0.09	3.1
地下水(亿m^3)	11.26	2.22		3.11	16.59
合计(亿m^3)	13.8	1.51	1.18	3.2	19.69
占农村用水的比重(%)	70.09	7.67	5.99	16.25	100.00

2)天津市用水现状分析

2000年天津全市工业、城镇生活和农村共用水22.64亿m^3(表4-19)。按用水性质分：工业用水5.34亿m^3，城镇生活用水5.22亿m^3，农业用水12.08亿m^3。全市工业、城镇生活用水共计10.56亿m^3，其中城镇生活用水占49.4%，工业用水占50.6%。

以水源来分，全市2000年用地表水14.41亿m^3，占全市用水量的36.4%，用地下水8.23亿m^3，占全市用水量的63.6%，另外天津市现状年海水利用量达到11.7亿m^3。

(1)工业用水及分析。2000年天津火电工业产值74.1亿元，用淡水水量0.35亿m^3，万元火电工业产值淡水用水量为47.23m^3。城镇一般工业和农村工业总产值3 080.7亿元，用水量4.99亿m^3，万元工业产值用水量16.2m^3。在工业用水量中，地表水3.32亿m^3，地下水

2.02 亿 m^3,其中农村工业用水量 0.33 亿 m^3,基本上依靠的都是地下水。在城镇工业总用水量 5.01 亿 m^3 中,地下水只占 1.69 亿 m^3。

表 4-19　2000 年天津市水资源利用情况

分项	用水量	用水水源分类		
		地表水	地下水	合计
工业	5.34	3.32	2.02	5.34
城镇生活	4.06	3.78	0.28	4.06
河湖	—	—	—	—
农村用水	13.24	7.31	5.93	13.24
合计	22.64	14.41	8.23	22.64

(2)城镇生活用水及分析。城镇生活用水包括城镇居民生活用水、城镇公共用水和河湖环境补水。2000 年天津城镇生活用水总量为 4.06 亿 m^3,其中地下水 0.28 亿 m^3,地表水 3.78 亿 m^3。按人口分,2000 年天津人均生活用水定额为 208.89L/(d·人)。

(3)农村用水分析。农村用水包括种植业、果林、鱼塘和人畜饮水等各项用水。2000 年天津市农村用水 13.24 亿 m^3,其中用地表水 7.31 亿 m^3,用地下水 5.93 亿 m^3(见表 4-20)。按用途分:农田灌溉用水 11.91 亿 m^3,林牧渔用水 0.17 亿 m^3,农村生活用水 1.16 亿 m^3;农田灌溉用水中,水田、旱田、菜田用水量分别为 2.73 亿 m^3、3.27 亿 m^3、5.91 亿 m^3,其中地下水用量为 4.6 亿 m^3;林牧渔用水中,只有林果灌溉用水量为 0.17 亿 m^3,且全部是地下水供水;农村生活用水中,农村居民生活用水 1.16 亿 m^3,且全部是地下水供水。

表 4-20　2000 年天津市农村各项用水量

分项	种植业	果林	渔业	人蓄	合计
地表水(亿 m^3)	7.31				7.31
地下水(亿 m^3)	4.6	0.17		1.16	5.93
合计(亿 m^3)	11.91	0.17		1.16	13.24
占农村用水的比重(%)	90.0	1.3		8.8	100

4.5.5.2 预测思路与方法

根据研究目的和需水量预测精度等要求，本次需水预测将需水部门分为生活需水、工业需水和农业需水，每个一级类可以再分为若干个二级类和三级类，如表 4-21 所示。

表 4-21　需水门类分级

Ⅰ	Ⅱ	Ⅲ	Ⅳ
城镇生活需水	城镇生活	居民家庭	
		公共设施	市镇、建筑、交通、商饮、服务等
	城市河湖需水		
工业需水	城镇工业	一般工业	采掘、食品、纺织、造纸、木材、化工、石化、机械、冶金、建材、其他
		电力工业	火电循环冷却、火电贯流冷却
		村以上乡镇企业	县、乡两级所属乡镇企业
	农村工业	村属乡镇企业	村属乡镇企业
		村以下乡镇企业	个体企业及联户企业
农村需水	种植业	大田	棉花、冬小麦、夏玉米等
		菜田	蔬菜、油料、小品种经济作物等
	畜牧业	牲畜用水等	以商品生产为目的的一切牲畜用水
	林果业	果园等	除天然林以外的一切经济林灌溉用水等
	渔业	鱼塘	鱼塘补水及换水
	农村生活	农民家庭	含以自用为目的的菜园

需水预测采用的主要方法为指标预测法。工业需水预测采用万元产值取水量法；农业需水预测主要考虑平水年和枯水年情况下的灌溉需水，采用田间灌溉定额和灌溉水综合利用系数法进行农业净需水量

和毛需水量的预测;生活需水分城镇生活和农村生活两类,采用人均日用水定额预测方法。在使用指标预测法进行需水预测的同时,还考虑趋势预测方法、人均综合用水量预测方法、需水增长弹性系数方法、供水预测及供需平衡分析方法等。这些方法在本次预测中主要以结构评价和印证形式对常规方法预测结果进行比较分析,以期预测结果可靠合理。现对除定额预测方法外的其他各方法分述如下:

(1)趋势预测法:基于历史统计数据的分析,选取一定长度的、具有可靠性、一致性和代表性的统计数据作为样本,进行回归分析,并以相关性显著的回归方程进行趋势外延。这种方法缺点是物理(用水)机制不太明确,优点是趋势性、变化方向较好。对于需水预测来说,由于需水增长受各类因素的综合影响,目前还没有一种能定量反映诸多影响因素的需水预测方法,因而趋势预测方法是需水预测的常用方法之一。

(2)人均需水量法:用水或需水归根结底为人的需水,因而采用人均需水量方法,也不失为一种简单、实用的方法。人均需水量指标主要基于国内外、区内外的比较后综合判定。

(3)发展指标与定额法:如工业需水预测采用万元产值法、生活需水预测采用人均日用水量法、灌溉需水预测采用灌溉定额法等。该方法是目前我国最为广泛采用的方法。主要问题是,用水定额的预测,特别是超长期的定额预测,缺乏定量的、科学的依据。

(4)弹性预测法:需水增长与其用户发展指标是有密切联系的,同时受诸如水价、收入水平、用水水平等因素的影响,其影响可以通过弹性系数来反映,如需水的人口弹性、水价弹性、人均收入水平的弹性等。所谓需水弹性系数,即需水增长率与其考虑对象的增长率的比值,如工业需水弹性可以描述为工业需水量的增长率与工业产值的增长率的比值。显然,需水弹性有其阶段性、区域性,在不同的发展阶段、不同的地区,其弹性是有差异的。该方法在国际上广为应用,但其对资料的要求较高,如水价对需水增长的弹性系数,目前我国难以定量计算。

本次预测采用多种预测方法分别进行需水预测,各类方法预测成果可以相互印证,进而在综合分析各类预测结果合理性的基础上,提出最终的需水预测方案成果，并将其分配到各计算单元及各计算时段内。50%降水频率条件下，2010年首都圈需水量合计为89.87亿 m^3，比现状年74.92亿 m^3 增长19.9%；2020年达到96.55亿 m^3，比现状年增长28.87%；2030年达到99.27亿 m^3，比现状年增长32.5%。75%降水频率条件下，2010年首都圈需水量合计为95.03亿 m^3，比现状年81.47亿 m^3 增长16.6%；2020年达到101.36亿 m^3，比现状年增长24.4%；2030年达到103.59亿 m^3，比现状年增长27.2%。

首都圈需水预测汇总结果见表4-22和图4-5。

表4-22　首都圈需水量预测汇总　（单位：亿 m^3）

需水量	分区											
	北京				天津				首都圈			
	现状	2010	2020	2030	现状	2010	2020	2030	现状	2010	2020	2030
城镇生活需水量	10.19	17.45	20.41	24.01	4.56	11.69	13.44	15.16	14.75	29.14	33.86	39.17
工业需水量	10.52	12.83	11.60	11.03	5.34	7.88	12.13	12.15	15.86	20.71	23.74	23.18
农村需水量(50%)	21.51	19.26	18.24	16.75	22.79	20.77	20.72	20.17	44.31	40.02	38.95	36.92
需水量合计	42.22	49.54	50.25	51.79	32.69	40.34	46.29	47.48	74.92	89.87	96.55	99.27
农村需水量(75%)	24.23	21.38	20.17	18.44	26.63	23.80	23.59	22.81	50.86	45.18	43.76	41.24
需水量合计	44.94	51.66	52.18	53.48	36.53	43.37	49.16	50.12	81.47	95.03	101.36	103.59

4.5.6　首都圈区域缺水量及其风险率统计

4.5.6.1　缺水量系列分布型判别及概率密度函数的获得

峰度和偏度是研究未知曲线性质的基本手段。为了验证所获得的缺水量系列是否具有正态性的性质，采用偏度－峰度检验法（高惠璇，1995）。从理论上讲正态分布的偏度

$$C_s = \frac{\frac{1}{n}\sum_{i=1}^{n}(x_i - \bar{x})^3}{s^3}, s = \sqrt{\frac{1}{n}\sum_{i=1}^{n}(x_i - \bar{x})^2} \tag{4-39}$$

正态分布的峰度

$$C_e = \frac{\frac{1}{n}\sum_{i=1}^{n}(x_i - \bar{x})^4}{s^4} \tag{4-40}$$

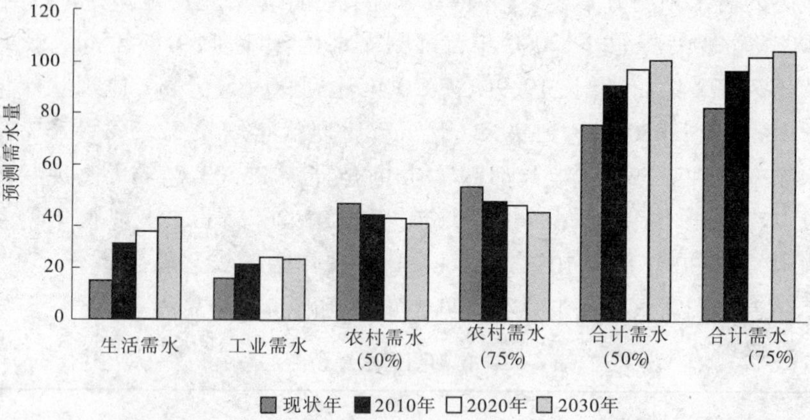

图 4-5　首都圈需水预测汇总　（单位：亿 m^3）

可以证明，当整体服从正态分布且样本容量相当大时，C_s 应为 0，c_e 应为 3。所谓的偏度－峰度检验法是这样的：以偏度和峰度的临界值作为统计判断的依据，其判断准则为：若 $|C_s| < C_{s(a,n)}$，$|C_e| < C_{e(a,n)}$，则可认为总体为正态分布，这里 $C_{s(a,n)}$ 和 $C_{e(a,n)}$ 分别为在显著性水平 a、样本数为 n 条件下的偏度和峰度临界值，可以从表 4-23 中查到。

偏度－峰度检验的步骤如下：

(1) 先计算缺水量系列的平均值 $\bar{x}$ 和标准差 s，进而计算偏度 C_s 和峰度 C_e；

(2) 根据测定值的数目 n 和约定的显著性水平 a，从表 4-23 中查出相应的临界值 $C_{s(a,n)}$ 和 $C_{e(a,n)}$；

(3) 比较 C_s 与 $C_{s(a,n)}$ 及 C_e 与 $C_{e(a,n)}$，判断样本是否为正态分布。

表 4-23　偏度－峰度临界值

样本数	12	15	20	25	30	35	40	45	50
偏度(0.01)	1.34	1.26	1.15	1.06	0.98	0.92	0.87	0.82	0.79
峰度(0.01)	2.20	2.32	2.36	2.3	2.21	2.03	2.02	1.94	1.88

如果缺水量系列符合正态分布 $N(\mu,\sigma^2)$，则正态分布的密度函数

为：

$$f(x)=\frac{1}{\sqrt{2\pi}\sigma}e^{-\frac{(x-\mu)^2}{2\sigma^2}},\ -\infty<x<+\infty \tag{4-41}$$

有了区域缺水量系列正态分布的具体形式，就可以由标准正态分布函数值 $\Phi(x)$ 及分位数 u_p 值得到首都圈缺水量的分布函数 $F(x)$ 和分位数 x_p 的值：

$$\begin{cases}F(x)=\Phi(\dfrac{x-\mu}{\sigma})\\ x_p=\sigma\cdot u_p+\mu\end{cases} \tag{4-42}$$

标准正态分布函数值和分位数值可以通过正态分布函数表和正态分布分位数表查得。

4.5.6.2 首都圈缺水量系列的风险

通过对首都圈供用水进行一次供需平衡分析可以得到各水平年缺水量系列的概率统计。

1）缺水量概率统计

在规定的调度规则和工程组合及需水情境下，通过区域水资源系统的一次供需平衡分析，首都圈现状水平年（2000 年）和未来规划水平年的缺水量系列的概率统计见表 4-24。

表 4-24 首都圈一次供需平衡计算缺水量系列概率分布参数

水平年	指标	样本数	最小值（10^6m^3）	最大值（10^6m^3）	均值（10^6m^3）	标准差	方差	偏度	峰度
2000 年	北京市	45	0.00	1 166.31	221.42	246.72	60 871.33	2.87	7.56
	天津市	45	0.00	1 631.16	574.34	365.50	133 591.86	0.45	0.11
	首都圈	45	0.00	2 619.41	796.00	537.67	289 085.29	1.23	2.17
2010 年	北京市	45	410.26	1 329.40	700.00	227.49	51 752.79	1.05	0.28
	天津市	45	227.86	2 051.83	1 389.00	422.59	178 582.55	0.05	-0.65
	首都圈	45	681.73	3 381.23	2 089.00	576.65	332 525.75	0.39	-0.24

续表 4-24

水平年	指标	样本数	最小值 (10^6m^3)	最大值 (10^6m^3)	均值 (10^6m^3)	标准差	方差	偏度	峰度
2020 年	北京市	45	458.54	1 435.60	854.00	293.80	86 319.42	0.59	-1.03
	天津市	45	513.57	2 782.65	1 899.00	501.77	251 777.49	-0.05	-0.05
	首都圈	45	972.11	4 058.71	2 754.00	708.71	502 264.09	0.23	-0.40
2030 年	北京市	45	457.81	1 987.48	1 055.02	433.17	187 640.55	0.30	-1.03
	天津市	45	647.39	2 828.21	1 978.14	519.02	269 384.89	-0.08	-0.72
	首都圈	45	1 105.20	4 611.51	3 033.16	856.71	733 944.98	0.06	-0.99

观察表 4-24 并结合前述的正态分布判别方法可以对首都圈供水量短缺系列进行显著性水平为 0.01 或 0.05 的正态型判别，对符合正态分布的各系列可以写出其概率密度函数和分布函数。

2）水资源短缺风险的性能指标

首都圈 2010 年的水资源短缺风险性能指标描述见表 4-25。由表中风险描述的性能指标可知，在维持现状水平的一次供需平衡下，首都圈在未来的 30 年中其水资源短缺风险越来越严重，其可靠性由现状年的 0.022 下降到 0，风险性则上升到 1，易损性持续增长。

结合首都圈未来 30 年的缺水系列概率分布参数和风险性能指标描述可知，以中等情景需水方案为准，在未来不加大节水、治污、挖潜和调水投资的情况下，首都圈水资源的短缺形势越来越严重，2010、2020 年和 2030 年其水资源系统的风险性都达到了 1，其缺水系列的期望值分别达到 20.89 亿 m^3、27.54 亿 m^3、30.33 亿 m^3，缺水程度在逐渐加深。

表 4-25　首都圈各水平年缺水量的风险性能指标描述

水平年	指标	风险性	可靠性	易损性	重现期（年）	可恢复性	风险度（变差系数）
2000 年	北京市	0.978	0.022	0.055	0.023	0.023	1.039
	天津市	0.978	0.022	0.170	0.023	0.023	0.628
	首都圈	1.000	0.000	0.104	0.000	0.000	0.659
2010 年	北京市	1.000	0.000	0.133	0.000	0.000	0.337
	天津市	1.000	0.000	0.309	0.000	0.000	0.324
	首都圈	1.000	0.000	0.213	0.000	0.000	0.291
2020 年	北京市	1.000	0.000	0.150	0.000	0.000	0.381
	天津市	1.000	0.000	0.398	0.000	0.000	0.262
	首都圈	1.000	0.000	0.270	0.000	0.000	0.264
2030 年	北京市	1.000	0.000	0.194	0.000	0.000	0.423
	天津市	1.000	0.000	0.400	0.000	0.000	0.264
	首都圈	1.000	0.000	0.293	0.000	0.000	0.286

4.6　小结

本章在对已有风险分析方法总结的基础上，首先采用马尔柯夫链模型对区域干旱风险进行了研究，随后又采用优化模型对区域串联水库联合供水风险进行了分析研究，最后采用基于系统模拟思想的水资源供需分析模型方法对首都圈的水资源短缺风险进行了详细地研究。本章的重点是对首都圈的水资源短缺风险进行分析。要进行水资源供需平衡分析需要做大量的工作，例如区域国民经济发展预测、区域需水量预测等，这些都涉及到各自的方法模型，诸如区域宏观经济模型、水资源预测模型等。本章在对首都圈水资源进行供需分析的基础上以概率论的有关概念对首都圈水资源短缺风险进行了统计，同时以第二章介绍的水资源风险性能指标对首都圈区域在未来规划水平年一次供需平衡下的水资源短缺风险进行了统计描述，这为水资源短缺风险的经济损失评估与综合评价及区划奠定了基础。

第 5 章　水资源短缺风险的经济损失评估

本章在第 4 章水资源短缺风险分析的基础上利用水资源投入产出宏观经济模型计算水资源短缺的经济损失及其概率分布。首先是建立水资源投入产出模型,随后建立了水资源影子价格的数学测算模型,最后以首都圈为例对其 2010 规划水平年的水资源短缺经济损失及其概率分布进行了计算。

5.1　水资源短缺风险损失计算的一般方法

5.1.1　农业缺水直接损失计算

农业干旱缺水损失计算,目前尚无成熟的方法,兹根据现有资料条件用下面几种方法进行估算(南京水利科学研究院水资源所,1999;沈佩军,1994)。

5.1.1.1　对比法

根据受旱年份实际农业产量或产值和该年在正常情况下应有的产量或产值进行对比,以计算损失。第 i 类农作物因旱减产量的计算式为:

$$V_{ad} = \sum_{i=1}^{n} A_i(q_{aoi} - q_{aai})P_i \tag{5-1}$$

农作物因干旱产值损失的计算公式:

$$Q_{adi} = Q_{aoi} - Q_{aai} \text{ 或 } Q_{adi} = A_i(q_{aoi} - q_{aoi})$$

式中:Q_{adi} 为地区受旱年份第 i 类农作物减产量;Q_{aoi} 为第 i 类农作物正常产量;Q_{aai} 为地区受旱年份第 i 类农作物实际产量;A_i 为第 i 类农作物受旱面积;q_{aoi},q_{aai} 为第 i 类农作物单位面积正常产量和受旱后的实际产量;V_{ad} 为地区受旱年份农作物产值损失;P_i 为第 i 类农作物价格;n 为农作物种类数。

受旱当年第 i 类农作物的实际总产量 Q_{aai} 依各地统计资料推算,农

作物正常产量 Q_{aoi} 采用近年农业生产产量和考虑年增长率后求得。

5.1.1.2 减产系数法

根据历年受旱或成灾面积和有农业减产资料推算的减产系数,用下式估算因旱农作物的产值损失为:

$$V_{ad} = \sum_{i=1}^{n} a_i A_i q_i P_i \tag{5-2}$$

式中,a_i 为第 i 种作物受旱或成灾耕地上农业产量与正常产量的比值;A_i 为第 i 种作物受旱或成灾面积;q_i 为第 i 种作物正常年单位产量;P_i 为第 i 种作物价格。

5.1.1.3 灾情折算法

根据国家统计局规定,地区农业产量或产值减少在10%以下的,不算成灾;减少10%~30%(平均20%)的为轻旱灾;减少30%~50%(平均40%)的为重旱灾;减少50%~80%(平均为65%)的为极端旱灾。因此,可根据地区各种成灾面积调查值及成灾年份农业正常亩产量或亩产值,推求受旱年份的农业损失值,计算公式为

$$V_{ad} = q(20\% A_1 + 40\% A_2 + 65\% A_3) \tag{5-3}$$

式中,$q = V_{ad}/A$,为正常年份该地区平均亩产量或亩产值,A 为地区耕地总面积;A_1,A_2,A_3 分别为该地区轻旱、重旱及极端干旱的耕地面积。

5.1.2 工业缺水直接损失计算

由于工业供水保证率常常高于农业,在干旱缺水年份,工业供水享受优先的权利;在一般干旱年份,工业用水基本上可以得到满足,工业产值损失较小;在特大干旱年份,工业用水将无法保证,损失较大。计算工业干旱缺水损失可采用下列方法。

5.1.2.1 对比法(南京水资源所,1999)

该法根据受旱当年该地区的工业产量或产值,与该地区不受旱时的工业正常产量或产值进行对比。其公式为:

$$V_{Is} = C_{Io} - V_{Ig} - V_{Im} \tag{5-4}$$

式中,V_{Is} 为受旱年份工业损失;V_{Io},V_{Ig} 分别为工业的正常产值和受旱年份工业的实际产值;V_{Im} 为受旱减产而消耗掉的工业生产原料价值。工业正常产值可采用原计划的工业产值或由正常年份的工业年产值和考

虑工业生产的年增长率后求出。

5.1.2.2 缺水损失法(沈佩军,1994)

这种方法是根据受旱年份当地工业供水的缺水量 W 和万元产值取水量求得,其计算公式为

$$V_{\mathrm{Is}} = (W/W_0) - V_{\mathrm{Im}} \tag{5-5}$$

式中,W_0 为万元产值取水量,m^3/万元;其他符号意义同前。

5.1.2.3 统计方法(郑云鹤,1993)

所谓"统计方法",就是根据工业缺水损失的历史统计资料,计算出多年平均损失值,以平均损失作为工业缺水损失。这种方法存在两个问题:

(1)一般城市缺乏系统的工业缺水资料,因而难以做系统的分析;

(2)未来城市的工业结构和规模将发生较大的变化,工业用水的水平也将大大提高,因而未来的工业因缺水造成的损失与历史实际损失相比将大为不同,即在同等程度的缺水情况下,未来工业的缺水损失将超过历史实际发生的缺水损失。

5.1.2.4 线性规划方法

郑云鹤(1990;1993)认为:工业缺水损失的问题可归结为,在一定水量的条件下,如何分配水量,使整个工业系统得到的效益最大,即损失量最小。这个问题就是水量分配的最优化问题。在供水量小于计划需水量的情况下,给定一个供水量,就能够按照水量分配优化模型,求出一个相应的最大供水效益值,进而求出缺水损失。

如果以净产值作为工业的经济效益,工业缺水经济损失可以用下式表示

$$L_{\mathrm{enc}} = \sum_{i=1}^{n} (V_i - V_i^*) P_{ni} \tag{5-6}$$

式中,L_{enc} 为全系统工业缺水经济损失;i 为工业部门的序号,$i = 1, 2, 3, \cdots, n$;V_i 为第 i 部门的计划产值;V_i^* 为在缺水条件下按照优化配水第 i 部门的产值;P_{ni} 为第 i 部门的净产值率。

数学模型采用线性规划模型。

目标函数:在缺水条件下,以一定的水量分配到各部门,使工业系

统受到的经济损失最小为目标函数,即

$$\min L_{\mathrm{enc}} = \sum_{i=1}^{n} (V_i - V_i^*) P_{ni} \tag{5-7}$$

约束条件:

(1)水量约束:分配给各部门水量的总和,不应超过可供工业利用的水量,即

$$\sum_{i=1}^{n} d_i \leqslant W \tag{5-8}$$

(2)产值约束:根据供水经济效益大小与投入产出关系要求,各工业部门的产值可大于、等于或小于计划产值,即 $b_i d_i \leqslant V_i$ 或 $b_i d_i \geqslant V_i$。

(3)非负约束:分配供各工业部门的水量不得为负,即 $d_i \geqslant 0$。

以上即为优化配水模型。式中,d_i 为分配给第 i 部门的水量;b_i 为分配给第 i 部门单位水量得到的工业产值;W 为可供工业利用的水量。

解上述模型即可得到在缺水条件下以一定水量分配给各部门工业所受的最小经济损失。其计算步骤如下:

(1)根据发展规划确定某一水平年工业产值,即计划产值,并预测相应的需水量;

(2)预测某一水平年单位工业供水量的产值和净产值率;

(3)预测某一水平年可供给工业的水量及相应的工业缺水量;

(4)求解优化模型,求得在缺水条件下某一供水量相应的最小缺水经济损失。

5.1.3 工业缺水间接经济损失计算

干旱缺水除造成直接经济损失外,还会带来严重的间接经济损失。干旱缺水造成的间接损失非常广泛,主要表现在:农、牧业减产,工业原料不足,农村副业生产量减少,商贸交易受到影响;水力发电量下降,造成煤、油等燃料需求的大幅度上升;水运运输量锐减,甚至造成停航等。由此可见,干旱缺水造成的间接经济损失比较复杂,计算比较困难。

5.2 本研究的基本思路

水资源短缺所造成的经济损失包括直接经济损失和间接经济损

失。通常对水资源短缺造成的经济损失的计算方法存在着相当的局限性，这是因为水资源系统的复杂性在于它和经济系统之间的复杂联系，一个部门的变化会引起其他部门的相应变化。水资源在各行业中的分配的变动，由于连锁反应会引起某些经济部门的变动，这些经济部门的变动又会引起其他经济部门的变动，反过来又会引起水资源分配的变动。因此，我们需要在一般均衡意义上认识这种宏观意义上的水资源效应，而不能把各产业分裂开来看待，相应的在计算水资源短缺经济损失的时候就需要将水资源的变动纳入到相应的宏观经济模型中，考察水资源短缺所造成的直接、间接经济损失。因此，对工农业分别来计算水资源短缺经济损失的方法并不科学，而将水资源纳入宏观国民经济模型中的方法较为可取。为了使问题简化和资料的限制，本文采用影子价格方法对水资源短缺风险的经济损失进行计算。

对于水资源影子价格，计算方法有：①利用供求均衡价格法计算影子价格（张志乐，1999）；②利用投入产出均衡价格计算水资源影子价格（沈大军，2001）；③用微积分描述资源的边际价格（影子价格）；④用线性规划方法求解资源最优配置时，得到相应的最优规划解，其资源约束行对应的对偶问题的解就是资源的影子价格（刘秀丽，2003），利用水资源影子价格动态可计算均衡模型计算水资源影子价格（何静，2005）。

本章在水资源投入产出模型的基础上，提出水资源影子价格测算的静态和动态模型，根据该模型的对偶问题求解未来规划水平年的水资源影子价格，进而对区域水资源短缺风险的经济损失进行分析。

5.3 水资源投入产出模型

投入产出方法是分析研究经济系统各个部分（作为生产单位或消费单位的产业部门、行业、产品等）之间表现为投入和产出的相互依存关系的经济数量分析方法。美国经济学家瓦西里·列昂惕夫（W·W·Leontief）1933年提出，投入产出分析的理论基础是一般均衡理论。投入产出分析从一般均衡理论中吸收了有关经济活动的相互依存性的观点，并用代数联立方程体系来描述这种相互依存关系。其特点是：在考察部门间错综复杂的投入产出关系时,能够发现任何局部的最初变化对经济体系各个部分的影响。编制投入产出表是进行投入产出分析的前提。目前,投入产出分析已经拓展到经济研究领域的各个方面,在以下几方面其作用尤为巨大:①为编制经济计划,特别是为编制中、长期计划提供依据。②分析经济结构,进行经济预测。③研究经济政策对经济生活的影响。④研究某些专门的社会问题,如污染、人口、就业以及收入分配等。

投入产出表又称列昂惕夫表、产业联系表或部门联系平衡表,反映国民经济各部门间投入与产出关系的平衡。国民经济每个部门既是生产产品(产出)的部门,又是消耗产品(投入)的部门。投入产出表是以所有部门的产出去向为行、投入来源为列而组成的棋盘式表格,主要说明两个基本关系:一个关系是,每一部门的总产出等于它所生产的中间产品与最终产品之和,中间产品应能满足各部门投入的需要,最终产品应能满足积累和消费的需要;另一个关系是,每一部门的投入就是它生产中直接需要消耗的各部门的中间产品,在生产技术条件不变的前提下,投入决定于它的总产出。投入产出表按计量单位可分为实物型和价值型两种,实物型是以实物量单位编制的,价值型是以货币单位编制的;按时间划分,有统计和计划投入产出表;按性质划分有静态和动态,平衡和优化投入产出表。按内容划分,有产品、固定资产、生产能力、投资和劳动消耗等投入产出表。由于水资源充斥于国民经济生产和消费的各个环节,所以编制水资源投入产出表就有了一定的可行性。

5.3.1 水资源投入产出表

在投入产出模型的基础上,将国民经济行业用水量纳入表中,即可形成水资源投入产出表(汪党献,2002;高峰,2002),如表 5-1 所示。表 5-1 中增加的第Ⅴ象限,主要用来反映各经济行业对水的占用情况,其为对角矩阵。

5.3.2 水资源投入产出数字模型

由表 5-1,可以构建以下数学模型:

$$X = (I - A)^{-1} Y \tag{5-9}$$

式中,X、Y 分别为总投入(总产值)行向量和最终产品列向量,

$(I-A)^{-1}$为列昂惕夫逆矩阵。

表 5-1　水资源投入产出简表

投入		产出															总产出
		中间使用					最终使用										
							消费				积累						
		行业1	行业2	…	行业n	合计	城居	农居	社会	合计	固定	流动	合计	调入	调出	合计	
中间投入	行业 1	X_{11}	X_{12}	…	X_{1n}	μ_1	C_1^c	C_1^r	C_1^s	C_1	F_1^f	F_1^s	F_1	M_1	E_1	Y_1	X_1
	行业 2	X_{21}	X_{22}	…	X_{2n}	μ_2	C_2^c	C_2^r	C_2^s	C_2	F_2^f	F_2^s	F_2	M_2	E_2	Y_2	X_2
	…	…	…	…	…	…	…	…	…		…	…		…		…	…
	…	…	…	Ⅰ	…	…	…	…	…		…	…		…		Ⅱ	…
	…	…	…	…	…	…	…	…	…		…	…		…			…
	行业 n	X_{n1}	X_{n2}	…	X_{nn}	μ_n	C_n^c	C_n^r	C_n^s	C_n	F_n^f	F_n^s	F_n	M_n	E_n	Y_n	X_n
	合计	τ_1	τ_2	…	τ_n	τ	C^c	C^r	C^s	C	F^f	F^s	F	M	E	Y	X
最初投入	折旧	D_1	D_2	…	D_n	D											
	劳动者收入	V_1	V_2	Ⅲ	V_n	V											
	利润和税金	Z_1	Z_2	…	Z_n	Z											
	合计	N_1	N_2	…	N_n	N											
总投入		X_1	X_2	…	X_n	X											
用水量	行业 1	W_1		…													
	行业 2	0	W_2	…	0								Ⅳ				
	…	0	0	…	…												
	…	0	V	…	…												
	…	0	0	…	…												
	行业 n	0	0	…	W_n	W_n											
	合计	W_1	W_2	…	W_n												

引进第 j 行业用水定额（水占用系数，也称为直接取水系数）Q_j，设定矩阵 Q 的对角矩阵 Q_j，表 5-1 第Ⅴ象限的矩阵形式表示为：

$$W = XQ \tag{5-10}$$

式中，W 为各经济行业用水量的行向量，$W = (W_1, W_2, \cdots, W_n)$。

公式（5-9）和公式（5-10）构成了水资源投入产出模型。该模型反映了总产出与总投入的平衡关系及各行业对水资源的占用情况。

5.3.3 水资源宏观分析基本概念

从水资源投入产出表的格式和统计数据可以看出，经济量的投入产出数据比较完整地描述了经济系统一年内的经济活动，可以对经济系统进行宏观经济分析与评价（汪党献，2002）。宏观经济分析与评价内容非常多，一般包括经济发展指标评价和经济结构性分析等。投入产出分析本身属于宏观经济学范畴，但其有关经济信息可以结合水资源经济学的概念来理解，或将其应用于水资源经济学中。结合投入产出模型，可以从经济系统的生产方面、分配方面和贸易方面对水资源系统进行分析。

5.3.3.1 生产与水的耗用

投入产出表中生产方面的经济信息，主要体现在投入产出表的第Ⅰ象限（也可称为 A 表）和第三象限（也可称为Ⅲ表），其涉及以下基本概念：

总产出 = 中间投入（原料、原材料、动力等）+ 固定资产折旧 + 利税

生产成本 = 中间投入 + 固定资产折旧

利税 = 利润 + 生产税收

净产值 = 总产值 − 生产成本 − 利税

增加值 = 劳动者收入 + 利税 = 净产值 + 固定资产折旧

上述概念在水资源经济学（水利经济分析）中经常应用，因而将投入产出表中的有关信息和水资源经济学结合起来，对水资源的宏观分析是十分有益的。

目前采用的用水定额指标和进行的需水预测方法，基本上都是从生产角度考虑和研究的。显然，生产过程需要耗用水量，生产越多、越

大,其耗用的水量也越多越大。为了描述生产与用水量之间的数量关系,如工业行业,有以下指标:①万元产值取水量:万元产值生产所需要取水量;②万元增加值取水量:万元增加值所需要取水量。农业方面有这些指标:①亩均灌溉定额:综合平均每亩灌溉的取水量(补充灌溉水量);②单位粮食生产补水量:每生产 1 kg 粮食需要补充灌溉的水量。

5.3.3.2 分配与水的流向

投入产出表的第Ⅰ象限和第Ⅱ象限(也可称为 B 表),构成经济系统的分配信息。在投入产出表中,中间使用和最终使用,也可称为中间分配和最终分配,主要描述最终产品(最终产出)的使用(分配)流向。因而有如下的关系:

(1)总产出(总产值)=中间使用(中间分配)+最终使用(最终分配);

(2)最终使用(最终分配)=消费+积累+调出-调入;

(3)生产用水量,主要反映生产过程中的水量耗用情况;从另一个方面理解,生产的目的是为了满足最终产品的需求,也可以从最终产品需求的角度,分析水量的耗用情况。最终产品中潜在着水的流向,包括消费领域、积累领域和贸易领域中的水的流动。

从上述关系可以得出如下水的平衡式:

(1)总用水量(生产流域)=最终产品耗用水量(分配流域);

(2)最终耗用水量=消费水量+积累水量+调出产品带走水量-调入产品带进水量。

5.3.3.3 贸易与水的调配

投入产出表比较完整地描述了各经济行业国内贸易(产品的调入和调出)和国际贸易(进口和出口)情况。对于本地区来说,调入和进口均为外地生产的产品,统称为输入,调出和出口均为本地生产的产品,统称为输出。则有:

输出=出口+调出

输入=进口+调入

众所周知,物品的贸易潜含着水的贸易。因而有:

物品的输出=水的输出

物品的输入 = 水的输入

上述分析思想可以分析该地区贸易所产生的水资源的调入调出情况。

从上述水资源投入产出模型及基本概念分析可以看出，水资源的宏观分析方法应用广阔。如国民经济行业用水特性的分析、国民经济系统中水的流向、贸易与区域间水资源的再分配分析、水资源的价值问题等。

5.4 水资源（供水）影子价格分析

对水资源投入产出分析方法进行拓展应用，构建水资源（供水）的影子价格测算模型，就可以研究水资源的价值问题。对区域水资源影子价格的分析有助于计算区域供水短缺所造成的经济损失。

5.4.1 水资源影子价格的内涵

影子价格的概念起源于20世纪30年代末、40年代初。影子价格是指当社会处于某种最优状态，能够反映社会劳动消耗、资源稀缺程度和对最终产品需求情况的价格。也就是说，影子价格是人为确定的、比现时价格更为合理的价格。从定价原则看，应该更好地反映产品的价值，反映市场供求状况，反映资源稀缺程度；从价格产出效果上看，应该能使资源配置向优化的方向发展。本质上讲，影子价格就是有限资源在最优分配、合理利用下对社会目标的边际贡献，由此可以理解影子价格为边际价格。它反映资源利用的边际产出的经济效果，从市场的角度看，其表现为供求价格。从消费者的角度来看，消费者支付意愿也可以反映出影子价格，因为消费者愿意支付的价格反映了消费者对所需商品的边际支付能力，为消费者对所买商品的机会成本。按上述分析，在完全自由竞争的市场下，商品的影子价格等于市场价格。

从影子价格的内涵上看，无论是资源状态下的水还是商品水（供水）都具有影子价格。水资源（供水）的影子价格为水资源经优化配置后单方用水对经济社会发展目标的边际贡献率。基于水资源投入产出模型，可以建立水资源（供水）的影子价格测算模型。

影响水资源影子价格的各要素，均具有时间动态特性，即随着水资源供需状况的动态变化而变化。随着经济系统的发展和节水程度的提高，水资源的边际贡献率会提高，而随着供水的增加，水资源的边际产出率相应会有所下降。所以，水资源影子价格的测算可以有静态模型和动态模型两种。

5.4.2 数学模型的建立

5.4.2.1 静态水资源影子价格测算模型

静态水资源影子价格测算模型可以理解为求现状年（基期）的水资源影子价格，该模型为水资源投入产出线性规划模型，其数学形式为：

（1）模型的目的是在有限的水资源条件约束下，如何调整产业部门发展规模以及如何合理配置水资源，使得产业部门总产值最大，其数学模型目标函数为各部门的增加值之和达到最大值

$$Z = \max\left(\sum_{i=1}^{n} Y_i\right) \tag{5-11}$$

式中，Z 为追求目标变量，其实质为现状水平年 GDP 总和最大；i 为经济部门序号；n 为经济部门分类数；Y_i 为第 i 部门现状水平年最终产品量。

（2）约束条件：

①投入产出矩阵约束：

$$(I - A)^{-1} \times Y = X \tag{5-12}$$

②最终需求约束：

$$Y \geqslant Y^0 \tag{5-13}$$

③生产能力的限制：

$$X \leqslant X^0 \tag{5-14}$$

④需水方程：

$$W_i = X_i \times Q_i \tag{5-15}$$

⑤水资源总量的限制方程：

$$\sum_{i=1}^{n} W_i \leqslant W^0 \tag{5-16}$$

⑥非负约束：各决策变量要求为非负值。

式中，I 为单位矩阵；A 为投入系数矩阵，$A=[a_{i,j}]_{n\times n}$，$a_{i,j}$为中间投入系数；$(I-A)^{-1}$ 为现状年列昂惕夫逆矩阵；X 为最终产出列矩阵，$X=[X_1,X_2,\cdots,X_n]^{\mathrm{T}}$；$Y$ 为最终使用列矩阵，$Y=[Y_1,Y_2,\cdots,Y_n]^{\mathrm{T}}$；$W_i$ 为第 i 行业现状水平年的需水量；W^0 为现状水平年的供水总量。

上述模型需求的已知量有：各行业现状水平年总产出上限 X^0、中间投入系数矩阵 A、各行业最终需求（最终产品）下限 Y^0、各行业直接取水量（用水定额）Q_i、国民经济的可供水资源量 W^0。各行业的投入 X_i 为该模型的决策变量。

5.4.2.2　水资源影子价格测算的动态模型

影响水资源影子价格的各要素，均具有时间动态特性，即随着水资源供需状况的动态变化而变化。随着经济系统的发展和节水程度的提高，水资源的边际贡献率会提高，而随着供水的增加，水资源的边际产出率相应会有所下降。因此，水资源影子价格测算模型具有动态变化特征，即可以测算规划水平年水资源的影子价格。规划水平年水资源影子价格测算模型实质上是以上标 t 来体现各参数和变量。要构建规划水平年水资源影子价格测算数学模型须具备以下的已知条件：各行业规划水平年总产出能力 X^0、中间投入系数矩阵 A^t、各行业最终需求（最终产品）下限 Y^0、各行业直接取水量（用水定额）Q_i^t、国民经济总供水能力 W_t^0。上述已知条件则是通过宏观经济发展及其需水量预测得到的（汪党献，2002）。

各行业的投入 X_i^t 为该模型的决策变量。

在有了模型构建的已知量后，规划水平年水资源影子价格测算模型的数学形式为：

(1) 目标方程：

$$Z = \max\left(\sum_{i=1}^{n} Y_i^t\right) \tag{5-17}$$

式中，Z 为追求目标变量，其实质为规划水平年 GDP 总和最大；i 为经济部门序号；n 为经济部门分类数；t 为规划水平年序号；Y_i^t 为第 i 部门第 t 规划水平年最终产品量。

(2)约束方程：

①投入产出矩阵约束:

$$(I-A^t)^{-1}\times Y^t = X^t \tag{5-18}$$

②最终需求约束:

$$Y^t \geqslant Y^0 \tag{5-19}$$

③生产能力的限制:

$$X^t \leqslant X^0 \tag{5-20}$$

④需水方程:

$$W_i^t = X_i^t \times Q_i^t \tag{5-21}$$

⑤水资源总量的限制方程:

$$\sum_{i=1}^{n} W_i^t \leqslant W_t^0 \tag{5-22}$$

⑥非负约束:各决策变量要求为非负值。

式中,I 为单位矩阵;A^t 为投入系数矩阵,$A^t=[a_{i,j}^t]_{n\times n}$,$a_{i,j}^t$ 为第 t 规划水平年中间投入系数;$(I-A^t)^{-1}$ 为第 t 规划水平年列昂惕夫逆矩阵;X^t 为第 t 规划水平年最终产出列矩阵,$X^t=[X_1^t,X_2^t,\cdots,X_n^t]^{\mathrm{T}}$;$Y^t$ 为最终使用列矩阵,$Y^t=[Y_1^t,Y_2^t,\cdots,Y_n^t]^{\mathrm{T}}$;$W_i^t$ 为第 i 行业第 t 规划水平年的需水量。

上述水资源影子价格测算的动态模型本身尚没有给出水资源影子价格。但可以通过式(5-22)的边际值求得,其边际值为每增加单方供水量,目标函数所增加的 GDP 值。

从模型的数学形式看,上述模型为线性优化模型。这个线性规划问题有相应的对偶问题。根据对偶定理,如果原始问题有最优解,则对偶问题也有最优解。根据影子价格的定义,对应原始问题的每个约束条件,可以得到相应的影子价格。那么根据约束条件⑤便可以得到供水的影子价格,即供水量再增加 1 个单位后目标函数的增加值,这便是我们进行水资源短缺经济损失计算的核心。

5.4.2.3 水资源影子价格测算静态模型的动态化

在上述水资源影子价格模型中,由于其目标函数和约束条件都是规划水平年的数据,而现有的数据往往是现状年(基期)的数据,所以有必要通过一定的数学手段对宏观经济模型中的投入系数等进行修正,使其符合规划水平年的状况。通过各年度模型的连接可以实现静态模型的动态化,形成静态模型动态化的模型组(钟契夫,1993)。

对考虑时间因素的上述水资源投入产出线性规划模型可以从时间发展顺序上将整个规划期分解为若干发展阶段,分段优化处理,以实现规划期整体优化。水资源影子价格测算模型的分段优化涉及两个方面的内容:

1)确定规划模型的时间

确定规划模型时间的方法有以下3种:

(1)可选用整个规划期作为模型的时间,这在建模方法上是最简单的。但是这样的模型求解得到的最优计划是整个规划期的任务,无法得到每一年度的计划任务。这样处理,一方面无法看出年度之间的衔接关系,另一方面将总任务划分为年度任务时,容易产生平均分摊的倾向。因此,一般不采用这一形式,尤其是对规划期较长的情况更是如此。

(2)可采用规划期第一年度作为模型的时间,然后依次向后一年度推算,形成包括若干年度的模型体系。这种做法的好处在于,能够充分反映计划基准期年度实际情况,使计划任务建立在可靠的物质基础上。不足之处是,依次向后一年度安排,则由前一年度规定了后一年度的任务,这就将规划期经济发展的路子限制得过于呆板,不能充分发挥规划模型的择优功能。

(3)还可以采用规划期最后一年作为模型的时间,而后依次向前推算各个计划年度。在规划期的各个年度中,最后一年具有明显的特点和作用。这一年度所能达到的规模和水平是前几年发展的结果,它不仅反映该年度的经济规模和结构,同时也表现了整个规划期发展的成果。由此可知,最后一年的任务和目标,不仅对本年度优化过程起着指导作用,而且同时也为整个规划期提出了最优计划任务。由此向前推算出逐年的计划任务,从而得到符合整个规划期总目标的最优计划方案。这样做,能使规划期各年的任务均与总任务相联系,充分发挥了优化模型的择优功能。

综上所述,第一种方法不可取,比较理想的做法是将第二、三种方法结合起来,并以第三种方法为主,建立模型体系。

2)年度模型间的连接方法

在建立了包括若干年度的模型体系之后,首先遇到的问题是怎样将各个年度连接起来,依靠什么内容去实现这种连接。上述方法建立的各个年度模型均为静态模型,逐年连接在一起,就形成了静态模型动态化的模型组。因此,这里可以像动态模型那样,以生产性积累作为连接的媒介。也就是说,前一年度的生产性积累使用方向和总量直接影响后一年度的生产结构和规模。

为简单起见,假定积累产品的时滞为一年。以建立最末一年模型为起点,求解计算得到该年度新增产值,然后将这一组数据输入前一年度模型,通过投资系数计算出该年生产性积累的总量和结构,进而计算新增产值,以此类推,逐年推算,直至规划期第一年度。

年度模型之间连接的数学形式是:

设规划期年度 $t=1,2,\cdots,T$,最末年度 T 的模型按投入产出线性规划形式建立,决策变量为各部门新增产值 $Z(T)$,其向量形式为:

$$Z(T) = Z_1(T),Z_2(T),\cdots,Z_n(T) \tag{5-23}$$

借用投资系数 $Q(T-1)$,计算 T 年度增加生产规模对 $T-1$ 年度提出的要求 $K(T-1)=Q(T-1)\cdot Z(T)$ 将 $K(T-1)$ 输入 $T-1$ 年模型中,它应是最终产品的一个部分,而后求解 $T-1$ 年度新增产值 $Z(T-1)$,随后依次向前推算。由此形成由后一年向前一年推算的一般公式:

$$K(t-1) = Q(t-1)\cdot Z(t) \quad (t = 2,3,\cdots,T) \tag{5-24}$$

最后推至规划期第一年新增产值 $Z(1)$,由此计算出对基期的投资需求量:

$$K(O) = Q(O)\cdot Z(1) \tag{5-25}$$

以此与基期的实际能力加以对比,论证计划的可行性。

在年度模型之间进行推算时,须注意及时调整所使用的系数,做到与规划期各年度发展相适应。推算中还应重视对原有产值部分的处理,要将从后向前推算与从前向后推算结合起来,将需要与可能统一考虑。

5.5 实例研究——首都圈水资源短缺经济损失计算

5.5.1 首都圈水资源投入产出表的获得

首都圈水资源投入产出表由北京的投入产出表和天津的投入产出表合并构成。由于资料限制,本计算采用北京市和天津市 1997 年的投入产出表。北京市 1997 年有 40 个部门的投入产出表和 6 个部门的投入产出表,天津市 1997 年有包括 18 部门的投入产出表和 40 部门的投入产出表,由于用水资料的难以获得和各部门用水资料统计口径的误差,本次水资源影子价格测算采用 6 部门的投入产出模型,18 部门的投入产出表可以合并成 6 部门的投入产出表,其对应关系见表 5-2。

规划水平年的用水资料来源于北京市统计局提供的 1997 年北京市工业各行业用水统计资料,再结合相关的《水资源公报 2000》进行总量控制,由于统计口径和年份的差别,对相应数据进行了相关的分析和处理。上述资料经过分析和整理便可得首都圈的投入产出表(见表 5-3)。

表 5-2 水资源投入产出模型行业对应表

6 部门	18 部门
农业	农业
工业	采掘业、制造业、电力、煤气及水的生产和供应业
建筑业	建筑业
交通运输、仓储及邮电业	货物运输及仓储业、邮电业、旅客运输业
批发和零售贸易、餐饮业	商业、饮食业
其他服务部门	金融保险业、房地产业、社会服务业、卫生体育和社会福利事业、教育文化艺术及广播电影电视业、科学研究事业、行政机关及其他行业

表 5-3　首都圈 6 个部门的投入产出表　（单位：万元）

	项目	代码	中间使用						
			农业	工业	建筑业	交通运输、仓储及邮电业	批发和零售贸易、餐饮业	其他服务部门	中间使用合计
	代码		1	2	3	4	5	6	
中间投入	农业	1	657 201.913	1 215 506.5	0.806	116.017	77 517.526	74 583.524	2 024 926.289
	工业	2	484 329.289	28 291 274	4 253 273.922	1 840 195.712	1 339 878.039	4 914 027.943	41 122 979.21
	建筑业	3	361.726	32 862.635	1 212.608	53 362.33	146 342.82	428 580.871	662 722.99
	交通运输、仓储及邮电业	4	70 658.002	2 092 906	451 126.616	605 680.678	352 147.644	1 275 315.591	4 847 834.556
	批发和零售贸易、餐饮业	5	163 359.603	2 911 671.5	549 837.869	231 266.822	195 754.717	879 772.797	4 931 663.285
	其他服务部门	6	124 917.166	2 938 873	603 172.285	793 810.648	1 651 554.911	7 210 380.113	13 322 708.07
	中间投入合计		1 500 827.699	37 483 094	5 858 624.106	3 524 432.208	3 763 195.658	14 782 660.84	66 912 834.41
增加值	固定资产折旧		101 921.054	1 964 888.1	141 559.519	855 682.811	275 659.707	2 503 358.331	5 843 069.569
	劳动者报酬		1 046 928.744	5 695 264.6	1 586 924.563	1 580 646.65	1 978 085.126	7 886 773.219	19 774 622.92
	生产税净额		37 566.692	2 592 456.8	270 685.13	387 234.562	578 566.788	1 116 669.973	4 983 179.969
	营业盈余		371 928.711	1 527 554.6	176 748.311	−43 990.19	164 887.722	2 211 906.506	4 409 035.704
	增加值合计		1 558 345.201	11 780 164	2 175 917.523	2 779 573.833	2 997 199.342	13 718 708.03	35 009 908.16
	总投入		3 059 172.9	49 263 258	8 034 542.63	6 304 006	6 760 395	28 501 368.87	101 922 743.5
	用水量(10^6m^3)		3 460	1 561	17.216	8.039	322.513	191.767	5 560.535

续表 5-3

项目		代码	最终使用								调入	进口	总产出
			农村居民消费	城镇居民消费	政府消费	固定资本形成	库存增加	调出	出口	最终使用合计			
中间投入	农业	1	3 815 548.82	927 781.265	0	41 848.273	184 619.573	505 179.774	162 929.87	2 203 916.574	1 030 126.568	139 546.395	3 059 171.9
	工业	2	1 360 805.248	6 257 325.405	0	5 302 652.3	3 057 236.118	6 992 357.115	5 390 668.404	28 361 044.57	13 773 998.43	6 446 768.222	49 263 258
	建筑业	3	11 906	18 906	0	8 899 732	0	194 116.815	66 855.507	9 191 516.343	1 819 698.703	0	8 034 541.6
	交通运输、仓储及邮电业	4	42 906.142	304 994.787	0	57 795.7	62 782.32	1 103 688.543	818 542.545	2 390 710.038	862 460.893	72 071.661	6 304 005
	批发和零售贸易、餐饮业	5	324 288.18	1 560 650.347	0	195 583.59	404 675.998	633 737.483	855 022.63	3 973 959.23	1 818 436.037	326 788.48	6 760 394
	其他服务部门	6	430 239.572	2 352 053.088	4 773 628.408	439 711.74	175.878	6 927 197.666	1 394 226.549	16 317 231.9	1 052 877.427	85 698.679	28 501 363
	中间投入合计		2 551 703.962	11 421 710.89	4 773 628.408	14 937 324	3 709 489.887	11 776 210.4	8 688 245.505	50 080 854.66	24 937 665.06	7 070 873.437	79 535 913

注：表中数据来源于北京市统计局和北京市投入产出办公室编著的《1997 年度价值型北京市投入产出表》及《天津统计年鉴 2001》并经过整理而来。

5.5.2 首都圈水资源影子价格测算

在影子价格可计算均衡模型中,有一些参数是作为已知量处理的,这里的总产出能力、中间消耗系数、最终产品、用水定额、国民经济总供水能力等都需要分年修订。由于资料条件的限制,本次只对 2010 水平年水资源短缺经济损失进行测算,相应只对 2010 规划水平年的供水影子价格进行测算。为了计算水资源短缺对宏观经济造成的损失,本次水资源影子价格测算考虑宏观经济系统水资源需求量基本得到满足下的供水情形,通过对现状年水资源投入产出表的调整可得 2010 年首都圈 6 个部门的水资源投入产出直接消耗系数表(见表 5-4),然后利用水资源影子价格测算模型可得到 2010 年在供水基本满足情况下的水资源影子价格为 14.71 元/m^3,其测算结果见表 5-5。

表 5-4 首都圈 2010 年 6 个部门直接消耗系数表

项目	农业	工业	建筑业	交通运输、仓储及邮电业	批发和零售贸易、餐饮业	其他服务部门
农业	0.201 2	0.021 7	0.000 0	0.000 0	0.010 1	0.002 3
工业	0.180 2	0.593 2	0.546 9	0.321 7	0.225 6	0.196 2
建筑业	0.000 1	0.000 7	0.000 2	0.009 4	0.024 6	0.017 1
交通运输、仓储及邮电业	0.026 3	0.043 9	0.058 0	0.105 9	0.059 3	0.050 9
批发和零售贸易、餐饮业	0.060 8	0.061 0	0.070 7	0.040 4	0.033 0	0.035 2
其他服务部门	0.046 4	0.067 9	0.085 5	0.143 3	0.278 0	0.287 9
用水定额(m^3/万元)	813.830 0	11.500 0	1.940 0	1.120 0	24.490 0	5.350 0

表 5-5　首都圈 2010 水平年水资源供水价格分析

指标	模型值	规划值	模型值 – 规划值	影子价格
GDP(亿元)	8 040.20	7 986.10	54.1	—
供水量($10^6 m^3$)	6 246.19	6 246.19	0.00	—
单方供水 GDP 产出量(元/ m^3)	128.72	127.86	0.86	14.71

注：上表中的模型值是指通过水资源影子价格测算模型得到的研究区规划水平年的 GDP 值，即公式(5-11)的结果；规划值是指根据已有的研究区经济社会发展规划得出的规划水平年的 GDP 值。

5.5.3　首都圈水资源短缺经济损失计算及其概率分布

2010 年京津首都圈在南水北调通水情况下通过二次供需平衡分析，其缺水结果见表 5-6。由表 5-6 可知，即使在南水北调通水的情况下，首都圈仍然存在缺水风险，而且这种风险率达到了 0.932，不过缺水量要比没有南水北调时下降很多。由缺水系列可以得到 2010 年相应的水资源短缺经济损失及其概率分布(表 5-7)。由表 5-7 可知，在南水北调通水后，由于缺水造成的经济损失的期望值为 43.90 亿元，其中北京市 23.84 亿元，天津市 20.07 亿元。

表 5-6　首都圈 2010 年加入南水北调后缺水系列概率分布统计

指标	样本数	最小值($10^6 m^3$)	最大值($10^6 m^3$)	均值($10^6 m^3$)	标准差	方差	风险率
北京市	45	0.00	345.43	162.04	56.53	3 196.08	0.956
天津市	45	0.00	411.34	136.43	109.02	11 886.34	0.867
首都圈	45	0.00	616.23	298.47	142.16	20 209.16	0.932

表 5-7　首都圈 2010 年水资源短缺经济损失的概率分布

指标	样本数	最小值(10^6 元)	最大值10^6 元)	均值(10^6 元)	标准差	方差	偏度	峰度
北京市	45	0	5 081.28	2 383.61	831.56	47 014.34	0.29	5.25
天津市	45	0	6 050.81	2 006.89	1 603.68	174 848.06	1.31	1.67
首都圈	45	0	9 064.74	4 390.49	2 091.17	297 276.74	0.15	0.97

5.6 小结

本章在第4章水资源短缺风险分析所得缺水风险及其概率分布的基础上，采用区域水资源宏观经济模型计算水资源的影子价格，然后用缺水量与影子价格相乘的方法对区域缺水风险所造成的经济损失进行评估，最后对首都圈的水资源短缺风险进行经济评估，取得了比较好的结果。通过研究我们认识到：

(1)一般的水资源短缺风险经济损失评估采用的方法过于简单，忽略了水资源与经济系统之间的复杂联系，而本书则在一般均衡意义上认识这种宏观意义上的水资源效应，而不是把各产业分裂开来看待，相应地在计算水资源短缺经济损失的时候就需要将水资源的变动纳入到相应的宏观经济模型中，考察水资源短缺所造成的直接、间接经济损失。

(2)本章尝试在水资源投入产出模型的基础上构建水资源影子价格测算的动态模型，并将影子价格应用到区域水资源短缺风险的经济损失评估中，取得了较好的效果，这为今后进一步的研究打下了一定的基础。

(3)本章采用的投入产出表是基于1997年的资料，由于近几年我国的产业结构变化很快，所以要更加准确地计算2010年的水资源影子价格，需要对投入产出表进行进一步的更新。

(4)在水资源影子价格计算中，一些参数是作为已知量处理的，这些参数一般是根据经济工作中的经验方法和一般数学方法进行预测并确定的，所以难免存在误差，所以对水资源影子价格模型需要作进一步的误差控制。另外，关于水资源影子价格测算模型的适用条件还需进一步地研究。

第 6 章　水资源短缺风险评价

在风险分析的基础上，采用模糊综合评判模型对水资源短缺风险结果进行评价，即对若干个结果给出一个排序的标准，由此标准判断怎样是风险大怎样是风险小。水资源短缺风险区划是水资源风险分析和管理的重要研究内容，本章在分析水资源系统各性能指标的基础上，提出了基于地理信息系统的水资源短缺风险区划的综合指标模型，并结合首都圈的具体情况，以水资源短缺风险性、易损性、事故周期、可恢复性、风险度等为主要指标，采用权重组合法得出首都圈地区的水资源短缺风险综合区划。

6.1　水资源短缺风险评价

风险评价是旨在风险识别和风险分析的基础上，把损失频率、损失程度以及其他因素综合起来考虑，分析该风险的影响，寻求风险对策并分析该对策的影响，为风险决策创造条件。本书采用模糊综合评判法对水资源短缺风险进行评价。

6.1.1　评价指标的选择

评价指标的选择考虑了以下原则：①能集中反映缺水地区的缺水风险；②能集中反映缺水风险的破坏程度；③能反映水资源失事事件发生后水资源系统的承受能力；④代表性好，针对性强，易于量化。

依据上述原则选取了水资源风险率、易损性、可恢复性、事故周期、风险度作为水资源系统水资源短缺风险的评价指标。

6.1.2　评价指标各级别的量化

由于上述评价指标都是用风险概率、风险损失、风险的可恢复性等指标来描述的，任何一项指标都不能准确地描述区域水资源短缺风险状况，实际上应对单项缺水风险程度进行综合评判。为此我们作如下约定：

(1)风险率:分为低、较低、中、较高、高共5级分值,分别对应风险概率0~20%、20%~40%、40%~60%、60~80%、80%~100%;

(2)易损性:也分为低、较低、中、较高、高共5级分值,分别对应易损性0~0.20、0.20~0.40、0.40~0.60、0.60~0.80、0.80~1.0;

(3)风险可恢复性:风险的可恢复性是一个重要指标,如果风险不可恢复,损失就无法弥补和挽回,灾害将长期存在。我们将风险的可恢复性同样分为5级,从低到高对应的值分别为0~0.20、0.20~0.40、0.40~0.60、0.60~0.80、0.80~1.0;

(4)事故周期(重现期):事故重现期的长短在一定程度上可以说明系统失事的频率,也是进行系统风险评价的重要指标。同样可以将事故重现期分为5级,分别对应的重现期为<1年、1~3年、3~6年、6~9年、>9年;

(5)风险度:风险度是标准差和期望值的比值,它可以说明缺水量分散的程度,是风险评价中重要的性能指标,由于风险度可以大于1,本次风险度的5级划分标准分别为<0.2、0.2~0.6、0.6~1.0、1.0~2.0、>2.0。

6.1.3 各评价指标的权重确定

根据风险理论的基本概念,风险程度应是各项风险指标之集合,为了求其综合特性(综合分值),我们首先得确定各风险评价指标对综合风险的贡献——各指标的权重,这里各指标权重的确定采用层次分析法(AHP),具体步骤如下:

(1)构造判断矩阵。以 A 表示目标,$U_i(i=1,2,\cdots,n)$ 分别表示参评的各个特征。U_{ij} 表示 U_i 对 U_j 的相对重要性数值($j=1,2,\cdots,n$),U_{ij} 的取值依据表6-1。

(2)重要性排序。根据判断矩阵,求出最大特征根所对应的特征向量,该特征向量即为各评价因素的重要性排序,即权值。

(3)权值合理性检验。用公式 $C_R=C_i/R_i$ 来检验,其中 C_i 为判断矩阵的一般一致性指标,由公式 $C_i=(\lambda m_{a\lambda}-n)/(n-1)$ 给出($\lambda m_{a\lambda}$ 为矩阵最大特征根);R_i 为判断矩阵的平均随机一致性指标(见表6-2)。当 $C_R<0.1$ 时,可认为判断矩阵具有满意的一致性,说明权数分配合理。

表 6-1　判断矩阵标度及其含义

标度	含义
1	表示因素 U_i 与 U_j 比较,具有同等重要性
3	表示因素 U_i 与 U_j 比较,U_i 比 U_j 稍微重要
5	表示因素 U_i 与 U_j 比较,U_i 比 U_j 略显重要
7	表示因素 U_i 与 U_j 比较,U_i 比 U_j 强烈重要
9	表示因素 U_i 与 U_j 比较,U_i 比 U_j 极端重要
2,4,6,8	2,4,6,8,分别表示相邻判断 1 ~ 3,3 ~ 5,5 ~ 7,7 ~ 9 的中值
倒数	表示因素 U_i 与 U_j 比较的判断,即 $U_{ji}=1/U_{ij}$

表 6-2　1 ~ 9 阶矩阵 R_j 取值表

n	1	2	3	4	5	6	7	8	9
R_j	0	0	0.58	0.90	1.12	1.24	1.32	1.41	1.45

6.2　水资源短缺风险的模糊综合评判

6.2.1　模糊综合评判模型

风险评价旨在风险识别和风险分析的基础上,把损失概率、损失程度以及其他因素综合起来考虑,分析该风险的影响,寻求风险对策并分析该对策的影响,为风险决策创造条件。采用上文定义的风险率、易损性、可恢复性、重现期、风险度作为水资源短缺风险的评价指标,采用模糊综合评判方法对水资源短缺风险进行评价。

设给定 2 个有限论域 $U=\{u_1,u_2,u_3,\cdots,u_m\}$ 和 $V=\{v_1,v_2,v_3,\cdots,v_n\}$,其中,$U$ 代表综合评判的因素所组成的集合,V 代表评语所组成的集合,则模糊综合评判即表示下列的模糊变换 $B=A\times R$,式中 A 为 U 上的模糊子集,而评判结果 B 是 V 上的模糊子集,并且可表示为 $A=(\lambda_1,\lambda_2,\cdots,\lambda_m)$;$0\leqslant\lambda_1\leqslant1$;$B=(b_1,b_2,\cdots,b_n)$,$0\leqslant b_j\leqslant1$。其中 λ_i 表示单因素 u_i 在总评定因素中所起作用大小的变量,也在一定程度上代

表根据单因素 u_i 评定等级的能力，b_j 则为等级 v_j 对综合评定所得模糊子集 B 的隶属度，它表示综合评判的结果（张跃，1992）。

关系矩阵 R 可表示为：

$$R = \begin{bmatrix} r_{11} & r_{12} & \cdots & r_{1n} \\ r_{21} & r_{22} & \cdots & r_{2n} \\ \vdots & \vdots & & \vdots \\ r_{m1} & r_{m2} & \cdots & r_{mn} \end{bmatrix}$$

式中，r_{ij}表示因素 u_i 的评价对等级 v_j 的隶属度，因而矩阵 R 中第 i 行 $R_i = (r_{i1}, r_{i2}, \cdots, r_{in})$ 即为对第 i 个因素 u_i 的单因素评判结果。在评价计算中 $A = (\lambda_1, \lambda_2, \cdots, \lambda_m)$ 代表了各个因素对综合评判重要性的权系数，因此满足 $\sum \lambda_i = 1 (i = 1, 2, \cdots, m)$；同时，模糊变换 $A \times R$ 也退化为普通矩阵计算，即 $b_j = \min(1, \sum c_i, r_{ij}), i = 1, 2, \cdots, m; j = 1, \cdots, n$。上述权系数的确定可用层次分析法（AHP）得到。

由上述分析可以看出，评价因素集 $U = \{u_1, u_2, u_3, \cdots, u_m\}$ 对应评语集 $V = \{v_1, v_2, v_3, \cdots, v_n\}$，而评判矩阵中 r_{ij} 即为某因素 u_i 对应等级 v_j 的隶属度，其值可根据各评价因素的实际数值对照各因素的分级指标推求。我们将评语级分为 5 个级别，各评价因素分级指标见表 6-3。

表 6-3　各评价因素分级指标

水资源短缺风险	u_1（风险性）	u_2（易损性）	u_3（可恢复性）	u_4（重现期）	u_5（风险度）
v_1（低）	≤0.200	≤0.200	≥0.800	≥9.000	≤0.200
v_2（较低）	0.200～0.400	0.200～0.400	0.601～0.800	6.001～9.000	0.201～0.600
v_3（中）	0.401～0.600	0.401～0.600	0.401～0.600	3.001～6.000	0.601～1.000
v_4（较高）	0.601～0.800	0.601～0.800	0.201～0.400	1.001～3.000	1.001～2.000
v_5（高）	≥0.800	≥0.800	≤0.200	≤1	≥2.000

由于水资源风险率、易损性、风险度是越小越优性指标，所以对于 u_1、u_2、u_5 各评语级可构造如下隶属函数：

采用“梯形”分布构造水资源短缺风险评价指标的隶属函数,越小越优型指标构造如下:

$$u_{v_1}=\begin{cases}1,\phi\leqslant\dfrac{a_{i1}}{2}\\ \dfrac{2a_{i1}-2\phi}{a_{i1}},\dfrac{a_{i1}}{2}<\phi\leqslant a_{i1}\\ 0,\phi>a_{i1}\end{cases}\qquad u_{v_2}=\begin{cases}0,\phi\leqslant\dfrac{a_{i1}}{2}\\ \dfrac{2\phi-a_{i1}}{a_{i1}},\dfrac{a_{i1}}{2}<\phi\leqslant a_{i1}\\ 1,a_{i1}<\phi\leqslant\dfrac{a_{i1}+a_{i2}}{2}\\ \dfrac{2a_{i2}-2\phi}{a_{i2}-a_{i1}},\dfrac{a_{i1}+a_{i2}}{2}<\phi\leqslant a_{i2}\\ 0,\phi>a_{i2}\end{cases}$$

$$u_{v_3}=\begin{cases}0,\phi\leqslant\dfrac{a_{i1}+a_{i2}}{2}\\ \dfrac{2\phi-(a_{i1}+a_{i2})}{a_{i2}-a_{i1}},\dfrac{a_{i1}+a_{i2}}{2}<\phi\leqslant a_{i2}\\ 1,a_{i2}<\phi\leqslant\dfrac{a_{i2}+a_{i3}}{2}\\ \dfrac{2a_{i3}-2\phi}{a_{i3}-a_{i2}},\dfrac{a_{i2}+a_{i3}}{2}<\phi\leqslant a_{i3}\\ 0,\phi>a_{i3}\end{cases}$$

$$u_{v_4}=\begin{cases}0,\phi\leqslant\dfrac{a_{i2}+a_{i3}}{2}\\ \dfrac{2\phi-(a_{i2}+a_{i3})}{a_{i3}-a_{i2}},\dfrac{a_{i2}+a_{i3}}{2}<\phi\leqslant a_{i3}\\ 1,a_{i3}<\phi\leqslant\dfrac{a_{i3}+a_{i4}}{2}\\ \dfrac{2a_{i4}-2\phi}{a_{i4}-a_{i3}},\dfrac{a_{i3}+a_{i4}}{2}<\phi\leqslant a_{i4}\\ 0,\phi>a_{i4}\end{cases}$$

$$u_{v_5}=\begin{cases}0,\phi \leqslant \dfrac{a_{i3}+a_{i4}}{2}\\ \dfrac{2\phi-(a_{i3}+a_{i4})}{a_{i4}-a_{i3}},\dfrac{a_{i3}+a_{i4}}{2}<\phi \leqslant a_{i4}\\ 1,\phi > a_{i4}\end{cases}$$

由于水资源可恢复性和重现期是越大越优性指标，所以对于u_3、u_4各评语级可构造如下隶属函数：

$$u_{v_1}=\begin{cases}0,\phi \leqslant \dfrac{a_{i1}+a_{i2}}{2}\\ \dfrac{2\phi-(a_{i1}+a_{i2})}{a_{i1}-a_{i2}},\dfrac{a_{i1}+a_{i2}}{2}<\phi \leqslant a_{i1}\\ 1,\phi > a_{i1}\end{cases}$$

$$u_{v_2}=\begin{cases}0,\phi \leqslant \dfrac{a_{i2}+a_{i3}}{2}\\ \dfrac{2\phi-(a_{i2}+a_{i3})}{a_{i2}-a_{i3}},\dfrac{a_{i2}+a_{i3}}{2}<\phi \leqslant a_{i2}\\ 1,a_{i2}<\phi \dfrac{a_{i1}+a_{i2}}{2}\\ \dfrac{2a_{i1}-2\phi}{a_{i1}-a_{i2}},\dfrac{a_{i1}+a_{i2}}{2}<\phi \leqslant a_{i1}\\ 0,\phi > a_{i1}\end{cases}$$

$$u_{v_3}=\begin{cases}0,\phi \leqslant \dfrac{a_{i3}+a_{i4}}{2}\\ \dfrac{2\phi-(a_{i3}+a_{i4})}{a_{i4}-a_{i3}},\dfrac{a_{i3}+a_{i4}}{2}<\phi \leqslant a_{i3}\\ 1,a_{i3}<\phi \leqslant \dfrac{a_{i2}+a_{i3}}{2}\\ \dfrac{2a_{i2}-2\phi}{a_{i2}-a_{i3}},\dfrac{a_{i2}+a_{i3}}{2}<\phi \leqslant a_{i2}\\ 0,\phi > a_{i2}\end{cases}$$

$$u_{v_4}=\begin{cases}0,\phi \leqslant \dfrac{a_{i4}}{2}\\ \dfrac{2\phi - a_{i4}}{a_{i4}},\dfrac{a_{i4}}{2} < \phi \leqslant a_{i4}\\ 1,a_{i4} < \phi \leqslant \dfrac{a_{i3}+a_{i4}}{2}\\ \dfrac{2a_{i3}-2\phi}{a_{i3}-a_{i4}},\dfrac{a_{i3}+a_{i4}}{2} < \phi \leqslant a_{i3}\\ 0,\phi > a_{i3}\end{cases}$$

$$u_{v_5}=\begin{cases}1,\phi \leqslant \dfrac{a_{i4}}{2}\\ \dfrac{2a_{i4}-2\phi}{a_{i4}},\dfrac{a_{i4}}{2} < \phi \leqslant a_{i4}\\ 0,\phi > a_{i4}\end{cases}$$

对于水资源短缺风险评价的因素集 U 而言,其对应一个测定指标向量 $Y=(\phi_{11},\phi_{12},\phi_{13},\phi_{14},\phi_{15})$。其中,$\phi_{ij}$是 U 相对于 u_{ij}的测定值。这样 $\mu_{vi}(\phi_{ij})$便表示相对于因素 μ_i 而言属于 v_i 的程度。对于因素集 U,便有下面的模糊关系矩阵

$$R_U=\begin{bmatrix}\mu_{v_1}(\phi_{11}) & \mu_{v_2}(\phi_{11}) & \mu_{v_3}(\phi_{11}) & \mu_{v_4}(\phi_{11}) & \mu_{v_5}(\phi_{11})\\ \mu_{v_1}(\phi_{12}) & \mu_{v_2}(\phi_{12}) & \mu_{v_3}(\phi_{12}) & \mu_{v_4}(\phi_{12}) & \mu_{v_5}(\phi_{12})\\ \mu_{v_1}(\phi_{13}) & \mu_{v_2}(\phi_{13}) & \mu_{v_3}(\phi_{13}) & \mu_{v_4}(\phi_{13}) & \mu_{v_5}(\phi_{13})\\ \mu_{v_1}(\phi_{14}) & \mu_{v_2}(\phi_{14}) & \mu_{v_3}(\phi_{14}) & \mu_{v_4}(\phi_{14}) & \mu_{v_5}(\phi_{14})\\ \mu_{v_1}(\phi_{15}) & \mu_{v_2}(\phi_{15}) & \mu_{v_3}(\phi_{15}) & \mu_{v_4}(\phi_{15}) & \mu_{v_5}(\phi_{15})\end{bmatrix}$$

水资源短缺风险评价各因素的权重确定采用层次分析法(AHP),设权重计算结果为 $A=(\lambda_1,\lambda_2,\cdots,\lambda_5)$,于是可得出综合评判向量

$$B = A \circ R_U$$

$$= (\lambda_1, \lambda_2, \lambda_3, \lambda_4, \lambda_5) \circ \begin{bmatrix} \mu_{v_1}(\phi_{11}) & \mu_{v_2}(\phi_{11}) & \mu_{v_3}(\phi_{11}) & \mu_{v_4}(\phi_{11}) & \mu_{v_5}(\phi_{11}) \\ \mu_{v_1}(\phi_{12}) & \mu_{v_2}(\phi_{12}) & \mu_{v_3}(\phi_{12}) & \mu_{v_4}(\phi_{12}) & \mu_{v_5}(\phi_{12}) \\ \mu_{v1}(\phi_{13}) & \mu_{v_2}(\phi_{13}) & \mu_{v_3}(\phi_{13}) & \mu_{v_4}(\phi_{13}) & \mu_{v_5}(\phi_{13}) \\ \mu_{v_1}(\phi_{14}) & \mu_{v_2}(\phi_{14}) & \mu_{v_3}(\varphi_{14}) & \mu_{v_4}(\phi_{14}) & \mu_{v_5}(\phi_{14}) \\ \mu_{v_1}(\phi_{15}) & \mu_{v_2}(\phi_{15}) & \mu_{v_3}(\phi_{15}) & \mu_{v_4}(\phi_{15}) & \mu_{v_5}(\phi_{15}) \end{bmatrix}$$

在综合评判中,我们选取“加权平均型”的 $M(\cdot, \oplus)$ 模型,即 $b_j = \min\{1, \sum_{i=1}^{n} \lambda_i r_{ij}\}$,由于 $\sum_{i=1}^{n} \lambda_i r_{ij} \leqslant 1$,该模型实际上蜕化为一般的实数加法,即

$$b_j = \sum_{i=1}^{n} \lambda_i r_{ij} \quad (j = 1, 2, \cdots, m) \tag{6-1}$$

选取与 $\max\{b_{ij}\}$ 对应的评语即为区域水资源短缺风险的评判结果。

为了比较直观地说明风险程度,我们将其分成 5 级,分别叫做低风险、较低风险、中风险、较高风险和高风险,风险各级别按综合分值评判,其评判标准和各级别风险的特征见表 6-4。

表 6-4　水资源系统水资源短缺风险级别评价

水资源短缺风险评价等级	风险级别	水资源系统的风险特征
v_1	低风险	可以忽略的风险
v_2	较低风险	可以接受的风险
v_3	中风险	边缘风险
v_4	较高风险	不可接受风险
v_5	高风险	灾变风险,系统受到严重破坏

6.2.2　实例研究——首都圈水资源短缺风险模糊综合评价

本次计算根据对 2010 年首都圈地区的水资源需求预测,在现有工程的基础上(不包括南水北调工程)采用 1956 ~ 2000 年的来水系列资料按月为时段进行长系列供需平衡操作。通过对首都圈供用水进行一次供需平衡分析,可以得到 2010 水平年各月的缺水量系列和年缺水量

系列，对北京、天津及首都圈缺水量系列的概率统计见表6-5。

表6-5　首都圈2010年缺水量系列概率分布参数

指标	样本数	最小值（10^6m^3）	最大值（10^6m^3）	均值（10^6m^3）	标准差	方差	偏度	峰度
北京市	45	410.26	1 329.40	700.00	227.49	51 752.79	1.05	0.28
天津市	45	227.86	2 051.83	1 389.00	422.59	178 582.55	0.05	-0.65
首都圈	45	681.73	3 381.23	2 089.00	576.65	332 525.75	0.39	-0.24

在对水资源一次供需平衡结果进行概率统计的同时还可以采用前面提出的水资源系统的风险性能指标对首都圈现状年和2010年的水资源短缺风险进行描述，其结果见表6-6。

表6-6　首都圈2010年缺水量的风险性能指标描述

指标	风险率	可靠性	脆弱性	重现期（年）	可恢复性	风险度（变差系数）
北京市	1.000	0.000	0.133	0.000	0.000	0.337
天津市	1.000	0.000	0.309	0.000	0.000	0.324
首都圈	1.000	0.000	0.213	0.000	0.000	0.291

采用AHP法对首都圈各评价指标的权重计算结果为$A=(\lambda_1,\lambda_2,\cdots,\lambda_5)=(0.331,0.210,0.129,0.105,0.225)$，利用上述的水资源短缺风险评价的模糊综合评判模型对首都圈的水资源短缺风险进行综合评判，成果见表6-7。

表6-7　首都圈2010年区域水资源短缺风险综合评分值

计算单元	v_1	v_2	v_3	v_4	v_5	综合评价
北京市	0.141	0.294	0.000	0.000	0.565	v_5
天津市	0.000	0.416	0.019	0.000	0.565	v_5
首都圈	0.000	0.435	0.000	0.000	0.565	v_5

由综合评判结果(见表6-7)可以看出,根据最大隶属原则,2010水平年无论是北京市还是天津市,或是整个首都圈,其水资源短缺风险都处于高风险水平,可见水资源供需状况极度危险,对水资源采取有效的风险管理措施已刻不容缓。

通过对首都圈水资源短缺风险的综合评价,我们得出如下结论:

(1)一般的水资源短缺风险评价仅停留在对水资源短缺风险率的统计,而本文则引用了多个评价指标对区域水资源短缺风险进行描述。

(2)本次研究在对单个水资源短缺风险性能指标计算的基础上,更进一步采用综合评价方法对区域水资源短缺情况进行判别,基于多指标评价的模糊综合评判方法用于区域水资源短缺情况评价具有一定的可操作性和实用性。

(3)应用所建立的数学模型,对首都圈2010年没有南水北调工程情况下的水资源短缺风险进行了评价,结果表明:在没有南水北调情况下,2010水平年无论是北京市还是天津市,或是整个首都圈,其水资源短缺风险都处于高风险水平,水资源供需状况极度危险。

基于上述判断,建议:

(1)对首都圈的水资源短缺风险必须进行调控,这些调控措施主要包括需水管理和供水管理。需水管理的核心是抑制水资源需求的过度膨胀,促进水资源的可持续利用,节水防污型社会建设是需水管理中最重要的系统工程之一;供水管理措施主要有提高污水处理率和污水利用率、对当地水资源进行挖潜、增加雨洪利用、增加海水利用等。

(2)南水北调工程是解决首都圈水资源短缺风险的根本措施。当前最重要的工作是保证南水北调东中线工程按规划准时建成,保证首都圈的经济社会可持续发展。

6.3 基于GIS的水资源短缺风险评价

6.3.1 水资源短缺风险区划

参考洪水灾害风险区划方法(周成虎,2000)对区域水资源短缺风险进行区划。水资源短缺风险分析主要是确定水资源短缺风险的相对大小,其中风险区划是指根据研究区水资源短缺性特征,参考区域社会经济状况，在水资源短缺造成的经济损失的基础上，把研究区划分为不同风险等级的区域。

对洪水灾害区划的研究已有很多工作，并提出了许多方法。李吉顺(1996)等根据历史暴雨洪涝灾害分省灾情资料，通过构建"综合危险度"和"相对危险度"两种无量纲量，对全国暴雨洪涝灾害的危险性进行评价，并进行了全国暴雨洪涝灾害区划。汤奇成(1997)根据洪灾形成的自然因素(主要采用标准面积最大洪峰流量)和社会因素(分层国民经济总产值)，编制了以县(市)为单位的中国洪灾危险程度图，并根据危险程度，把全国分为3个一级区：洪灾危险的东部地区、洪灾比较危险的西北干旱半干旱地区和洪灾不太危险的青藏高原地区。对于每个一级区又根据流域和地区状况进行二级区划。周成虎(2000)在分析洪灾形成的各主要因子的基础上，提出了基于地理信息系统的洪灾风险区划模型。张行南(2000)等根据天气因素、径流因素和下垫面地形因素完成的中国洪水灾害危险程度区划，根据洪灾的含义，将洪灾区划研究分为两步，一是洪水危险程度区划，另一是洪灾危险程度区划。除对洪水灾害有风险区划外，在水土流失风险、泥石流灾害风险、环境风险评价等(周亚荣，2002；唐川，2002；朱静，1996)方面都有进行风险区划工作的报道，同时这些领域也不同程度地采用了基于空间数据的地理信息系统开发平台。

到目前为止，各类参考文献中鲜见关于水资源短缺风险的区划研究，本书在水资源短缺风险分析的基础上对首都圈水资源短缺风险进行区划研究，一方面是对水资源短缺风险管理理论的补充，另一方面以期更加直观地显示水资源风险分析的成果。

6.3.2 水资源短缺风险区划的原则

区划原则是指进行水资源短缺风险区划时首先遵循的基本原则，一般来讲这些原则包括相似性原则、区域完整性原则、综合性原则和主导因子原则。

所谓相似性原则指的是区划时应对相似程度较高的区划单元进行合并。所谓区域完整性原则是指在风险区划时尽量避免区划单元中出现小范围的"飞地现象"。现代的地理区划一改过去的多因子等权叠加的思路，而采用一定的数学手段或专家系统确定不同因子的权重，这就充分体现了区划时的主导因子原则，这一点既是区划工作的进步，也越来越多地得到了广大地理工作者的认同。在考虑区域完整性原则时，区域如何界定是一个需要讨论的问题，在一般的风险区划中，提出了两种区域单元，即以自然区域为基本单元和以行政区域为基本单元。实际上还有一种超脱于自然区域和行政区域的网格区域单元也得到了较为广泛的应用(朱静，1996)。Carrara A(1995)认为自然区域单元和网格区域单元各有优缺点，网格单元没有考虑地质—地貌和其他环境要素的边界，从而导致了其分区的不精确性，并且从美学角度考虑，这样的分界线亦不是最佳的，因为边界线为折线而不是圆滑的曲线；自然单元作为区域单元的主要缺陷是其边界本身的不确定性，因为这些边界都是由考察者们人为划定的，这就带有难以根除的主观性。尽管如此，Carrara A 认为相比之下考虑自然单元的区域完整性要更合理一些。由于水资源系统规划和风险分析的特殊性，在水资源分区中相对考虑了流域的自然地理分区，同时又考虑了流域的行政单元分区，所以在进行水资源短缺风险区划时我们采用的基本区划单元是水资源三级分区，即计算单元。

6.3.3 地理信息系统与水资源短缺风险评价

水资源短缺评估涉及区域水文风险因子(如降水频率、下垫面状况、产流特征、来水频率和来水量)、水资源短缺特征(如区域缺水量、发生时间、重现期等)和区域社会经济发展状况(如人口、工农业产值、宏观经济结构和需水结构等)。其中土地利用类型分布、水资源短缺历时、范围以及防御措施应作为估算损失的重要因子，而这些因子均具有较强的区域差异性，表现为空间数据，而地理信息系统作为空间数据管理与分析的重要技术方法，对水资源短缺评估有着极大的支持与辅助作用。水文数据空间分布相当复杂，GIS 应用于水文学和水资源管理之前，水文数据的管理总是难尽人意。目前 GIS 对水文数据管理包括实时数据的综合、矢量与标量数据的综合、遥感数据处理以及水文模拟基础的 GIS 数据管理等。近年来，全球变化及环境影响评估成为一大热点，水资源和与水资源有关的环境管理是其重要组成部分。GIS

的应用主要是水资源决策中的应用、水资源管理规划中的多目标分析以及可视化技术等。基于 GIS 的水资源规划管理被认为是一种灵活的规划工具,能够克服传统的大尺度战略规划的缺点。我国于 20 世纪 90 年代建成的国家级地理信息系统在全国水资源规划管理中有着举足轻重的作用,比如该系统在南水北调工程进行可行性分析,调水方案比较研究、调水线路设计、施工管理和监督、效益分析等方面提供信息支持,为加强工程前期工作的完成和工程的实施做出了贡献。GIS 同样广泛地应用于区域水资源和环境管理中,如英国的 A. M. GURNELL 等利用沿岸植物品种数据的多变量生态分析来识别英国河流的环境优化程度,求得由植物品种信息得出的与环境优化程度密切相关的成果。在国内,上海市环境管理部门于 20 世纪 80 年代末开始 GIS 的应用研究,并建立了黄浦江流域水环境地理信息系统,该系统具有动态监测显示、水污染过程模拟及取水口环境管理功能,并可对水质做出快速预测分析和预报。基于以上几点,可以确定,在水资源短缺风险区划中,采用 GIS 无论对计算结果的表达还是辅助决策都是非常有意义的。

地理信息系统具有以下特点:

(1)集成化的空间数据。地理信息系统为水资源短缺评价提供了各种可利用的基础数据。包括空间数据和属性数据。地理信息系统具有采集、管理、分析和输出多种地理空间信息的能力,具有空间性和动态性。

(2)以地理研究和地理决策为目的,以地理模型方法为手段,具有区域空间分析、多要素综合分析和动态预测能力,可产生高层次的地理信息。地理信息系统可提高对数据层内部及相互间的操作能力,如根据数字高程模型生成坡度、坡向、水系等。

(3)由计算机系统支持进行空间地理数据管理,并由计算机程序模拟常规的或专门的地理分析方法,作用于空间数据,产生有用信息,完成人类难以完成的任务。目前有很多有关水资源管理与评估的系统是以 GIS 为基础而集成起来的。如英国河流管理部建立的海岸带管理系统(SMS)的防洪子系统以 MGE 为集成平台;加拿大紧急事务管理部门建立的洪水应急遥感信息系统以 ArcView 为集成环境。其他方面,如水资源预报、预警系统也把 GIS 集成作为今后发展方向。

6.3.4 水资源短缺风险评价的指标模型

本书对水资源短缺风险进行区划采用两种指标方法,一种方法是将第 4 章计算的区域水资源系统的缺水风险损失的期望值直接作为区划指标来制作风险图,同时采用期望经济损失率指标进行风险区划;另一种方法是在考虑多个水资源系统风险指标的基础上采用前述模糊综合评判结果对区域水资源短缺风险进行区划。

6.3.4.1 水资源短缺风险评估指标的选择与表达

水资源短缺的形成与发展受制于多种自然与社会经济因素,并因水资源短缺类型的不同而不同。根据其作用机理与变化速度,可将影响水资源短缺风险评估的因子归结为以下两类:

(1)水资源短缺风险的性能指标,主要是描述水资源短缺的状况,只针对水资源系统而不包括社会经济系统,是水资源短缺风险区划的基础。这些评价指标有风险性、可靠性、易损性、事故周期、可恢复性、风险度等。对于这些指标可利用各种专题要素图进行描述,着重于其空间特征的分析。

(2)区域社会经济损失情况,主要是描述受灾区社会经济发展水平,反映区域承灾能力和损失率。一般可用各种统计资料进行描述,并具有极大的区域差异性,在时间过程上具有波动性。这方面的评价指标可以采用风险损失的期望值和期望损失率来表达。所谓期望损失率是规划水平年的缺水经济损失与预测 GDP 的比值,它为不同计算单元之间的比较提供了有效的方法。

6.3.4.2 指标模型方法

水资源短缺风险区划分析的方法有很多种,指标模型法就是其中一种,它着重从水资源短缺形成的背景与机理出发,通过对影响水资源短缺形成的各种因子的分析,赋予每种指标一定权重,借助指标模型进行综合,以求得综合分区,因此属于一种确定性模型。

P(水资源短缺风险)=*f*(水文风险因子,水资源短缺性能指标,社会经济损失情况)

在这个方程中,所有右边独立因子可通过一定方法赋于一定分类码。各因子间组合关系可以是线性的,也可以是非线性。考虑到水资源短缺风险的空间特征和地理信息系统的能力,可以将各种因子在统一的空间框架中,借助于空间叠加分析功能,综合各影响因子,从而可得到综合影响因子图。在常规的计算中多采用均匀格网作为空间框架,从而达到对每一格网点(象元点)进行分析,其空间综合则转化为多维矩阵的地图代数运算。

6.3.5 实例研究——首都圈水资源短缺风险评价

6.3.5.1 水资源短缺性能指标

本书计算根据对2010年京津地区的水资源需求预测,在现有工程的基础上(不包括南水北调工程)采用1956~2000年的来水系列资料按月为时段进行长系列供需平衡操作。2010年京津地区水资源短缺风险各性能指标的计算结果见表6-8,同时对京津地区各计算单元的水资源短缺风险进行模糊综合评价,得到评价结果见表6-8。为便于在GIS地图上分级显示,我们对各风险性能指标进行分级(见表6-3)。京津地区水资源短缺风险各性能指标和模糊综合评判结果见图6-1。

表6-8 京津地区2010年各计算单元年缺水量的风险性能指标描述

指标	风险性	可靠性	易损性	重现期(年)	可恢复性	风险度	模糊综合评价
单元1	0.511	0.489	0.065	0.682	0.261	1.381	较高风险
单元2	0.111	0.889	0.060	1.250	0.800	3.525	低风险
单元3	1.000	0.000	0.422	0.000	0.000	0.099	高风险
单元4	0.933	0.067	0.242	0.024	0.024	0.469	高风险
单元5	1.000	0.000	0.250	0.000	0.000	0.033	高风险
单元6	0.156	0.844	0.228	3.500	0.714	2.720	较低风险
单元7	0.756	0.244	0.247	0.182	0.118	0.807	较高风险
单元8	0.022	0.978	0.046	—	1.000	6.708	低风险
单元9	1.000	0.000	0.481	0.000	0.000	0.327	高风险
单元10	1.000	0.000	0.724	0.000	0.000	0.076	高风险

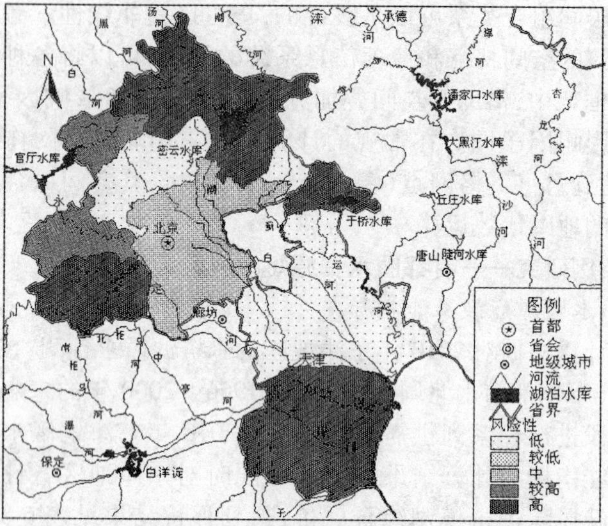

(a) 风险性

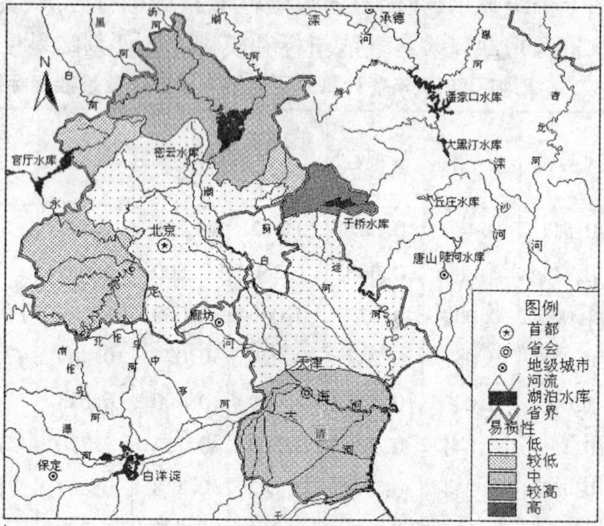

(b) 易损性

图6-1　京津地区水资源短缺风险各性能指标的空间分布图

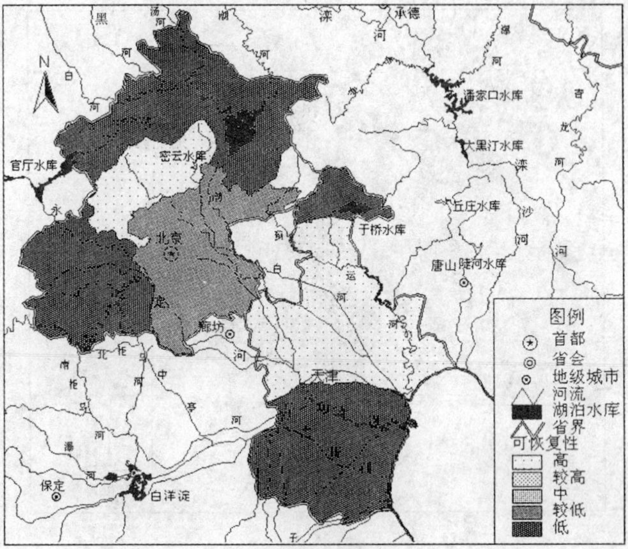

(c) 可恢复性

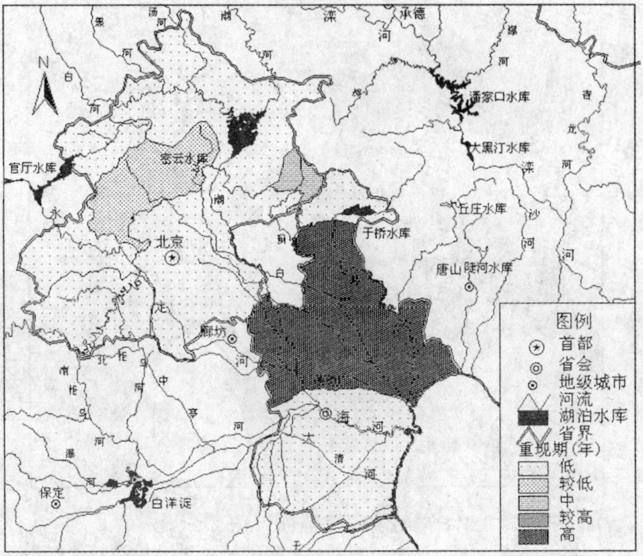

(d) 重现期

续图 6-1

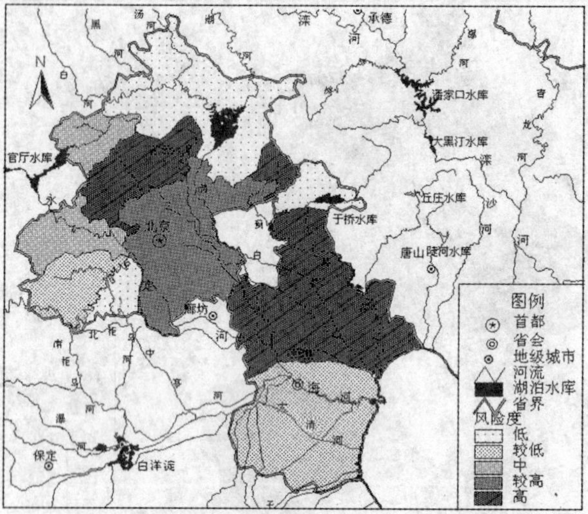

(e) 风险度

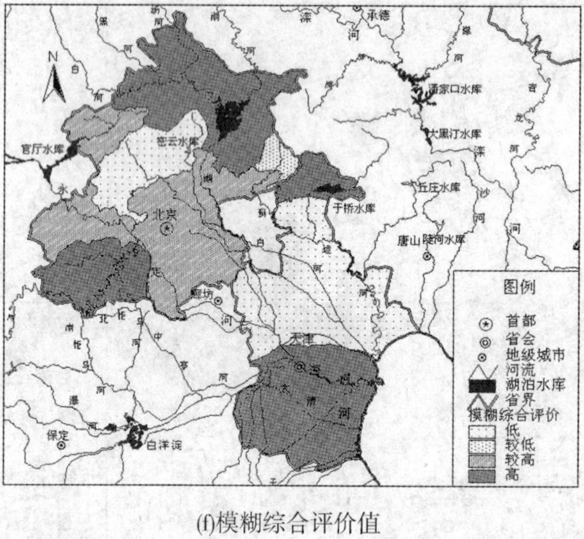

(f)模糊综合评价值

续图 6-1

6.3.5.2 社会经济易损性指标

由于水文风险因子已经包含在了水资源短缺风险的性能指标里，所以本次借助地理信息系统显示水资源短缺风险只考虑水资源短缺性能指标和社会经济易损性指标。

一般认为社会经济条件可以定性反映区域的灾损程度，即易损性的高低。社会经济发达的地区，人口、城镇密集，产业活动频繁，承灾体的数量多，密度大，价值高，遭受水资源短缺时经济损失就大。值得注意的是，社会经济条件较好的地区，区域承灾能力相对较强，相对损失率较低，但区域绝对损失和损失密度都不会因此而降低。同样等级的水资源短缺，发生在经济发达、人口密布的地区可能造成的损失往往要比发生在荒芜人烟、经济落后的地区大得多。根据京津地区特点，我们选取流域内计算单元水资源短缺经济损失期望值和期望经济损失率作为特征指标（见表6-9），并通过各水资源分区的标识码建立与统计数据的关联，从而将统计数据空间化，然后根据表6-10的分级标准得到各指标的相应空间分布图（见图6-2）。

表6-9 京津地区水资源短缺经济损失期望值及经济损失率

单元	均值（期望值）	2010年GDP（10^6元）	经济损失率
单元1	2 064.990 0	380 557.816 5	0.005 4
单元2	5.770 0	5 201.245 8	0.001 1
单元3	714.280 0	3 684.215 8	0.193 9
单元4	428.270 0	28 390.133 2	0.015 1
单元5	1 345.270 0	10 619.210 1	0.126 7
单元6	31.710 0	2 383.904 3	0.013 3
单元7	473.340 0	4 984.527 2	0.095 0
单元8	21.600 0	52 879.332 1	0.000 4
单元9	17 880.780 0	231 238.718 8	0.077 3
单元10	1 739.790 0	5 417.964 4	0.321 1

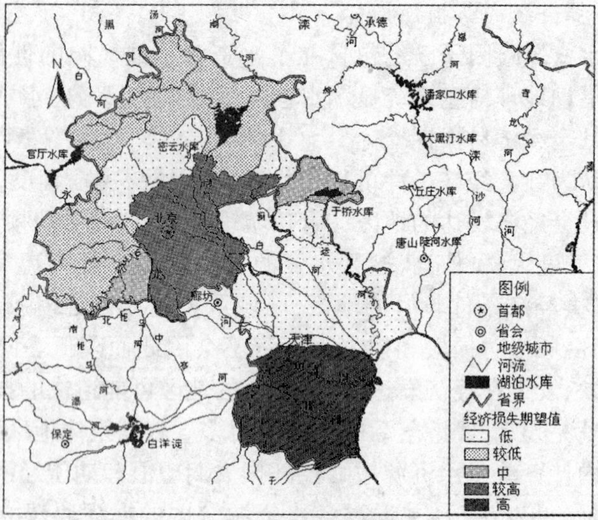

(a)经济损失期望值

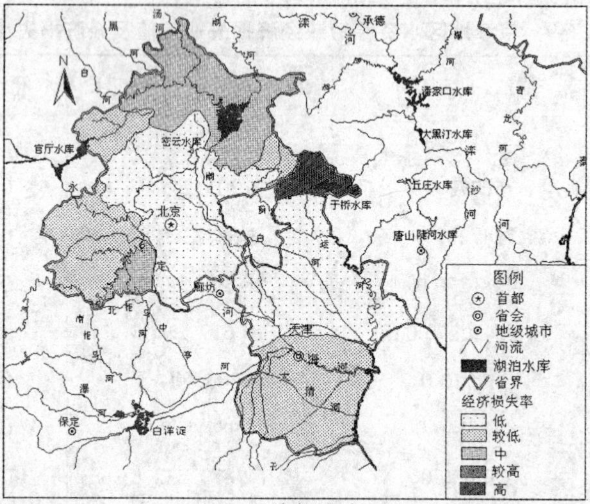

(b)经济损失率

图 6-2　京津地区水资源短缺的经济损失期望值和经济损失率分布图

表 6-10　京津地区各计算单元水资源短缺经济损失风险的分级标准

级别	均值(期望值)	经济损失率
低风险	≤100	≤0.01
较低风险	100～1 000	0.01～0.10
中风险	1 000～2 000	0.10～0.20
较高风险	2 000～10 000	0.20～0.30
高风险	≥10 000	≥0.30

6.3.5.3　水资源短缺风险综合评价

根据各因子影响度的分析,采用水资源短缺风险评价的模糊综合评价值、水资源短缺经济损失期望值和经济损失率三个指标,计算京津地区水资源短缺综合评价值,为了充分反映各个指标的贡献,所有指标都以下面的公式进行标准化处理而得到各指标指数:

$$X_j = \frac{E_j - E_{j\min}}{E_{j\max} - E_{j\min}} \tag{6-2}$$

式中,X_j 为各计算单元第 j 指标指数;E_j 为各计算单元第 j 指标数值;$E_{j\min}$为所有计算单元中第 j 指标最小值;$E_{j\max}$ 为所有计算单元中第 j 指标最大值。

将各因子进行标准化后,按一定的权重组合进行叠加分析,得到综合评价值,进而可利用 GIS 软件作出京津地区各计算单元的水资源短缺风险综合评价图(见图 6-3)。

由图 6-3 可以看出,如果以 2010 水平年在现状供水条件下的一次供需平衡结果为依据,京津地区的水资源短缺风险综合评价结果为:天津淀东清南平原、天津蓟运河山区、北京潮白河山区处于高风险水平;北京北四河平原、北京淀西清北平原、北京大清河北支山区、北京永定河山区处于较高风险水平;北京蓟运河山区处于较低风险水平;而其他计算单元如北京北运河山区、天津北四河平原处于低风险水平。

地理信息系统强大的空间分析功能是宏观区划和评价研究的有力工具。利用 GIS 技术对京津地区的水资源短缺风险进行评价是客观的,与各计算单元的水资源短缺实际情况基本吻合,可以作为有关水资

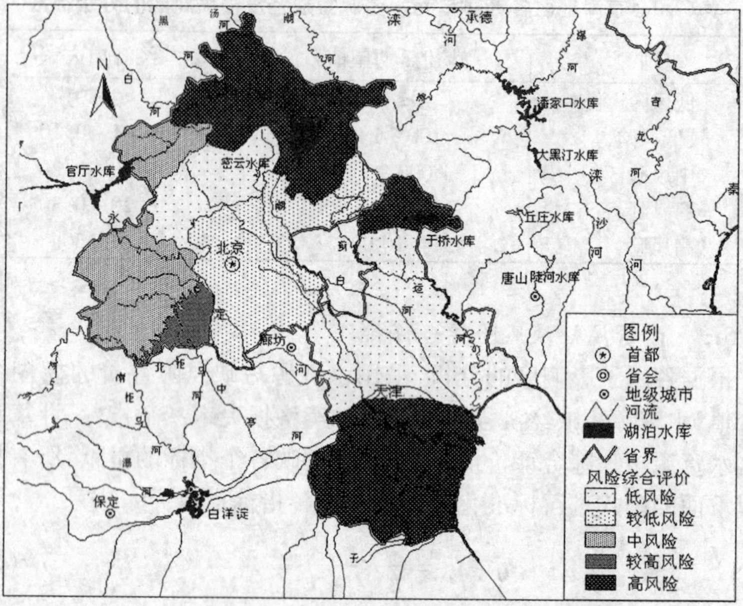

图 6-3　京津地区水资源短缺风险的综合评价图

源规划等宏观决策的依据。对水资源短缺风险进行评价是对水资源短缺风险进行处理和控制的基础,也为风险决策得以进行打下了基础。不过值得注意的是,区域水资源短缺风险评价图上的程度等级只是相对值,没有绝对量的概念。

6.4　小结

本章在水资源短缺风险分析和经济损失计算的基础上采用模糊综合评判方法对水资源短缺风险进行评价,同时利用 GIS 技术对首都圈的水资源短缺风险进行直观评价,该评价是客观的,与各计算单元的水资源短缺实际情况基本吻合,可以作为有关水资源规划等宏观决策的依据。对水资源短缺风险进行评价是对水资源短缺风险进行处理和控制的基础,也为风险决策得以进行打下了基础。

第7章　水资源短缺风险处理及调控

本章在前面章节水资源系统风险分析和评价的基础上探讨采取各种风险处理的技术手段对水资源系统风险性能指标的影响,进而说明各种风险管理技术手段对减免水资源短缺的贡献率。本章重点从需水管理和供水管理两方面论述水资源短缺风险管理措施对降低水资源系统风险的贡献。在风险管理技术手段研究的同时对水资源短缺风险调控的策略也进行了探讨,包括规避风险、损失控制、转移风险、建立风险基金制度,以及建立水资源保障预警系统和水资源保障系统应急方案预案等。本章最后以首都圈为例定量地研究了各种风险处理手段对水资源短缺风险的贡献,同时进行了首都圈的水资源保障预警系统和应急方案预案研究。

7.1　水资源短缺风险处理技术方法

由于区域面临的水资源短缺风险在很大程度上来自于区域需水和供水的相互作用,因此在技术层面上对其进行风险管理应该包括需水管理和供水管理两个方面。基于此,本节以京津地区为例重点从需水管理和供水管理两方面研究水资源短缺风险管理措施对降低水资源短缺风险的贡献。

7.1.1　需水管理

水资源需求管理是为抑制对水资源的过度需求、防止生态系统的破坏与水环境容量的衰减,决策者、规划者、用水户、受有利或不利影响的群体、对问题关注的公众等所有利害相关者采取的系统性行动,综合利用法律、行政、经济、科技、宣传等一系列手段,以促进水资源的公平、合理配置和高效、可持续利用。由水资源需求管理的定义可以看出,对区域进行水资源需求管理包括较为丰富的内容,但其核心是抑制水资源需求的过度膨胀，促进水资源的可持续利用。

7.1.1.1　加大节水力度，削减区域需水

1）节水的经济学分析

随着节水的深入，节水难度越来越大，单方节水投资呈快速增长态势。对于节水投资与万元产值工业用水量的关系采用乘幂曲线进行拟合相关性较好

$$I_j(p) = aQ_j^{-b}(p) \tag{7-1}$$

式中，a，b 分别为常数；$I_j(p)$ 为第 j 用户在水价为 p 时单方水节水投资；$Q_j(p)$ 为第 j 用户在水价为 p 时需求定额；$Q_j(p)$ 和水价的关系见公式（7-2）。

节水投资和节水效益均为水价的函数，将两者结合起来就可以分析节水的经济行为，这里可以引入边际效益和边际费用的概念，遵循效益费用均衡原则分析节水行为的经济学内涵。边际效益等于边际成本时的节水投资规模是节水投资的最大规模。当节水边际效益大于节水边际投资的情况下，节水可以获得净效益，这时节水可以作为区域水资源短缺风险管理措施的重点；当节水边际效益小于节水边际投资情况时，则应该考虑采取其他水资源风险管理措施，而不应继续追求水资源的进一步节约。

2）节水措施

为了实现节水目标，必须积极采取各类有效的节水措施，既包括工程措施，也包括行之有效的非工程措施。

农业近期节水重点是结合大中型灌区改造配套工程规划，续建、配套和技术改造现有灌区节水工程，减少输水过程中的蒸发渗漏损失，提高渠系水的利用效率；改进作物灌溉制度，传统的灌溉制度是建立在充分灌溉的基础上，每次灌水都满足“及时足量”的灌溉要求，造成大量的棵间蒸发和渗漏损失，因此必须根据农作物灌溉的实际需求，改变灌溉制度和灌溉方式，采用经济灌溉定额制度和实施有限灌溉，减少田间灌溉水的无效损失量；加强用水管理，科学调配水量，维护工程良好状态，全面实施灌溉用水定额管理制度，实行用水总量控制和定额管理，可有效减少灌溉水分的损失，提高用水效率；强化农业用水定量和价格

管理,要调整水费政策,以成本定水价,按引水量计征水费以及对超用水加价收费,从而促进节水。

工业节水主要为产业结构的调整、用水装置的更新换代、生产工艺的改进、节水器具的推广、管理水平的提高等方面。工业节水要抓四个方面:①全面调整工业结构,有计划、有重点地限制和压缩高耗水工业项目的建设;②通过各种行政手段加强用水管理,计划用水和严格控制废污水的排放,可获得明显的节水效果;③通过抓工业内部循环用水,提高水的重复利用率,可以收到投资少、见效快、效益高的节水效果;④通过改造工业设备和生产工艺实现节水,这一方面节水难度大、投资高,但随着水资源获得难度的加大和工业水价的提高,节水的经济效益也会随之提高。

目前城市供水管网和用水器具水的漏失率较高,要采取有效措施减少跑、冒、滴、漏现象,要进一步普及节水型器具。总之,要采取一切节水措施,挖掘潜力,提高水的利用率,使有限的水资源适应人民生活水平日益提高的要求。

3)京津地区节水目标

工业和农业节水:2010 年全面建成节水型社会, 到 2010 年,电力工业和一般工业的用水重复利用率分别达到 93% 和 85% 以上。农业要求全面实现国家有关部门正在实施的大型灌区以节水为中心的缓建、扩建和配套工程规划,到 2010 年北京、天津两市基本实现节水灌溉。

城镇生活节水:目前该地区城镇生活用水存在着严重的用水浪费现象。特别是城市自来水管网建设不健全,自来水计量制度落后。今后节水的重点是全面建设水量计量制度,实行按水表收费,用经济手段调节和管理城镇用水。积极推广节水器具普及率,加快城市自来水管网建设。加强用水管理,提高水价,采取两部制水价和累进加价制度。要求 2010 年城镇自来水管网漏失率控制在 13% 以下,北京节水器具普及率 2010 年应达到 80% ,天津市 2010 年应达到 70% 。

4)京津地区节水潜力预测

由于在水资源供需平衡模型中考虑了供水行业的优先级,使得水资源短缺倾向于农业用水，所以在水资源节水潜力测算中重点考虑工业节水和生活用水节水潜力，同时也考虑农业需水量的削减。

工业节水量分原有工业和新发展工业分别计算。原有工业基本为传统工业，其发展速度较低，占全部工业总产值的比重逐年下降。在工业节水潜力分析中，认为2000年以后的新、改、扩建企业必须采用比较高的节水水平，达到国内和国际先进水平，即2010年后工业用水增量已达到节水标准，再无节水潜力；工业节水潜力均为现有工业的潜力，即存量节水潜力，而且2010年应全部挖掘了节水潜力。2010年以前，北京市重点加强印染、钢铁、造纸、电镀、制革等行业的节水措施，改造旧设备及推广节水型工艺，节水量可达1.37亿m^3；天津市重点对印染、造纸、食品、纺织、冶金、塑料、医药、黑色金属等行业的循环用水、空调重复用水系统进行技术改造，节水量可达到0.57亿m^3。

采取城镇生活节水措施（包括大力普及节水器具、降低自来水管网漏失率、提高水价等）后，参考上述节水目标，北京、天津两市在未来规划水平年的节水潜力见表7-1。

表7-1　京津地区节水潜力　（单位：10^6m^3）

行业	城镇生活	工业	农业	合计
北京	23	137	250	410
天津	17	57	210	284
京津地区	40	194	460	694

7.1.1.2　提高水价促进节水

水价的调整在一定程度上可以促进节水，这实际上也是个节水措施。从经济学的角度看，影响一般商品需求量的主要因素是收入与价格。对于水资源的需求而言，一方面受用水水平的影响，另一方面受水价因素的影响，同时也受居民收入水平的影响，即消费者的支付意愿是影响水需求的一个重要因素。收入水平越高，需求弹性越小；用水水平越低，需求弹性越小；价格越低，需求弹性越小。

对于水价与水资源需求之间的需求函数，在我国已经有学者针对不同地区分别从城镇居民家庭生活需水、工业需水和农业需水（沈大军，1999；2000）等方面建立了各自的需求函数模型。一般情况下采用对数线形方程式描述水价与水需求量的关系：

$$\ln Q = \alpha \ln P + \beta \tag{7-2}$$

式中，Q 可以看做单位取水量指标（定额）；P 为水价；α、β 为常数.α 表示的就是需水价格弹性系数，是一个无量纲的值。

对于需水价格弹性由于地区间水资源条件和社会经济发展水平的不同而表现出一定的差异，在研究中需要对具体的地区进行具体的分析。据上海市用户需水量价格弹性系数的研究表明（裴源生，2001），水价每上涨 10%，需水量将下降 3.8%；居民年收入每增加 10%，除去水价影响，用水量需求将增加 2.2%。据分析，水费支出占家庭收入 1% 时对心理影响不大，占 2% 时开始关注用水量，占 2.5% 时注意节水，占 5% 时认真节水，占 10% 时开始考虑水的重复利用。

由于京津地区只是近几年才开始提高水价，观测（或调查）资料很少，目前尚难以对需水量的影响进行统计分析从而得到需水价格弹性系数。本次计算采用（S M 国际技术顾问公司，1998）的文献对黄淮海地区的价格弹性计算结果 -0.24 对京津地区的生活用水需求进行控制，采用沈大军（1999）在文献《我国城镇居民家庭生活需水函数的推求及分析》中求出的北京市工业用水价格弹性 -0.11 作为京津地区工业用水的价格弹性，采用文献《工业用水的数量经济分析》（沈大军，2000）求出的与京津地区情况比较相似的河南胜利区农业水价弹性 -0.372作为京津地区农业用水的价格弹性。通过设定一定的水价升幅情景可以得到各自的生活用水、工业用水、农业用水需求的降低幅度（见表 7-2），将此幅度代入供需平衡模型可以得到水价调整后的水资源系统风险情况。

表 7-2　京津地区不同水价情景下的节水潜力

	情景 1	情景 2	情景 3	情景 4
水价升幅（%）	5	10	15	20
生活需水降幅（%）	1.2	2.4	3.6	4.8
工业需水降幅（%）	0.55	1.1	1.65	2.2
农业需水降幅（%）	1.86	3.72	5.58	7.44

7.1.2 供水管理

7.1.2.1 对现有水利工程的分水比例进行实时调整

在首都圈水资源系统的供需平衡中面临着多个分水比例，一是潘家口水库、大黑汀水库对天津和河北的分水比例，一是引滦入津水量在天津北四河平原和淀东清南平原的分水比例。由于区域需水和来水的不均衡性，如果采用固定的分水比例，在某种程度上会加大水资源的区域性短缺风险；如果对各计算单元之间的分水比例进行实时的调整则可以降低区域整体上的水资源短缺风险。

7.1.2.2 提高污水处理率和污水回用率

提高污水处理率和污水利用率也是水资源短缺风险管理的措施之一，上游单元的污水通过增加处理能力和回用能力可以用来加大对下游单元的补水，将生活和工业污水经过处理后可以供给区域农业灌溉用水。提高污水处理率与污水回用率可以在一定程度上增加供水，降低水资源短缺风险。

7.1.2.3 当地水资源挖潜提高可供水量

北京市西南房山拒马河是北京市唯一没有开发利用的河道，水量也比较丰富。为了缓解首都水资源紧缺状况，计划修建引拒济燕应急供水工程。该工程通过改建饮水闸，改建、扩建 23 km 房山胜天渠和渠系建筑物，铺设 31 km 自流输水管道，年引拒马河水 0.6 亿 m^3 至燕化动力厂，以替代密云水库供水❶。

天津市将于近期(2010 年之前)建设大黄埔洼水库❷，总库容 2 亿 m^3，50% 保证率下可增加农业供水 0.92 亿 m^3。

由上述的水资源节约、挖潜、保护分析可知，通过开发当地水资源来解决首都圈的供水风险潜力有限，最根本的措施应该是跨流域调水方案。

7.1.2.4 南水北调工程是解决首都圈水资源短缺风险的根本措施

要彻底解决首都圈的水资源短缺问题，最根本的措施就是南水北

---

❶北京市水利局、水利部水资源司，21 世纪初期(2001 ~ 2005 年)首都水资源可持续利用规划资料汇编，2001：382 ~ 383。

❷水利部海河水利委员会，海河流域水资源规划(修改稿)，2001，6：170 ~ 171。

调工程，南水北调对首都圈进行供水的是东线工程和中线工程，至2010年将完成中线一期工程和东线一期、二期工程，南水北调工程对首都圈的供水量见表7-3。

表7-3　南水北调东线和中线工程调水量配置（单位：亿 m^3）

省市	水平年	缺水量	各省市要求调水量	规划配置水量（$P=95\%$）			规划配置水量（$P=50\%$）		
				东线	中线	合计	东线	中线	合计
北京	2010年	7	12		10	10		10.5	10.5
	2030年	17	12		15	15			
天津	2010年	12.5	12	5	8	13	5	8.6	13.6
	2030年	18.4	18	10	8	18			

将南水北调的增供水量代入首都圈水资源供需分析模型（WASYS）就可得到首都圈在南水北调实施后的水资源系统供水短缺风险，通过对南水北调前后区域的水资源短缺风险对比（表7-4～表7-7）可以看出，实施南水北调东线一期、二期工程和中线一期工程后，首都圈的缺水状况可以得到根本上的遏制，水资源系统的缺水量期望值只有2.82亿 m^3 左右；水资源短缺风险的性能指标显示，南水北调加入到供需平衡模型后，首都圈水资源系统的缺水风险将为0.932，但其易损性和风险度大幅度降低，可恢复性和重现期得到提高，风险性能指标大幅度地改善。由此可见，南水北调工程是解决首都圈缺水问题的根本所在。

表7-4　首都圈2010年加入南水北调后缺水系列概率分布统计

指标	样本数	最小值（$10^6 m^3$）	最大值（$10^6 m^3$）	均值（$10^6 m^3$）	标准差	方差	偏度	峰度
北京市	45	0.00	345.43	162.04	56.53	3 196.08	0.29	5.25
天津市	45	0.00	411.34	136.43	109.02	11 886.34	1.31	1.67
首都圈	45	0.00	616.23	281.65	142.16	20 209.16	0.15	0.97

表 7-5　首都圈 2010 年加入南水北调后缺水系列风险性能指标

指标	风险性	可靠性	易损性	重现期（年）	可恢复性	风险度（变差系数）
北京市	0.956	0.044	0.033	0.105	0.047	0.349
天津市	0.867	0.133	0.037	0.162	0.154	0.799
首都圈	0.932	0.068	0.034	0.103	0.098	0.494

表 7-6　首都圈 2010 年南水北调前后缺水系列统计前后对比

	样本数	最小值（$10^6 m^3$）	最大值（$10^6 m^3$）	均值（$10^6 m^3$）	标准差	方差
无南水北调	45	681.73	3 381.23	2 089.00	576.65	332 525.75
有南水北调	45	0	616.23	281.65	142.16	20 209.16

表 7-7　首都圈 2010 年南水北调前后缺水系列风险性能指标

分水比例	风险性	可靠性	易损性	重现期	可恢复性	风险度
无南水北调	1.000	0.000	0.213	0.000	0.000	0.291
有南水北调	0.932	0.068	0.034	0.103	0.098	0.494

7.2　水资源短缺风险的调控策略

在水资源短缺风险调控策略中，规避风险、损失控制和转移风险等都属于风险事件发生前的策略，即在损失发生前尽可能降低损失发生频率及减轻损失发生程度。

7.2.1　规避风险

风险规避是指风险管理者主动采取措施放弃原先承担的风险或者完全拒绝承担风险的行动方案（郭仲伟，1987）。风险规避是一项有意识不让个人或者社会面临特定风险的行为。是指风险主体设法回避损失发生的可能性。风险规避的方式主要有两种:完全拒绝承担风险和放弃原先承担的风险。完全拒绝承担风险的特点在于风险管理者预见到了风险事故发生的可能性,在风险未发生之前进行处理。例如风险主体拒绝在蓄滞洪区建造仓库,就可以避免洪水淹没仓库造成财产的损失。放弃原先承担风险的特点在于风险已经存在,被风险管理者发现,及时进行风险控制。例如一家钢铁企业发现其即将建厂的地区存在着非常严重的干旱风险,该企业因而决定终止投资建厂,而改在丰水地区设厂。

风险规避是处理风险的有效办法,通过风险规避,风险管理者可以明确知道风险不可能发生,风险主体也不会承受某些潜在的风险。风险规避适用的情形主要有以下几个方面:

(1)风险规避适用于发生损失频率和损失程度较大的特大风险。

(2)风险规避适用于损失频率虽不大,但是,损失后果严重,并且无法得到补偿的风险。

(3)风险规避适用于采用其他风险管理措施的成本超过进行该项活动预期收益的情形。

(4)某些风险的损失是不可避免的,采取风险规避的方法无效。例如,地震、海啸、暴风等自然灾害给人类造成的损失是不可避免的,而且造成的损失较大,对于这类风险采取风险规避的办法是无效的。

风险规避是一种主动放弃风险的决策,可以消除风险事故造成的损失。但是,采用风险规避的方式是有一定的局限性的,是管理主体面对损失的主动放弃行为,是风险管理主体的无奈选择。经济活动中往往是风险和收益并存的,风险规避同时也意味着经济收益的丧失。例如,为了规避风险,企业选择了不建造工厂生产,这就损失了工厂建成后带来的经济收益。

风险规避对已经存在的风险不适用。风险规避虽然是消除风险比较有效的办法,但是,对于已经存在的风险就无法采用风险规避的办法。对于区域水资源系统而言,规避风险策略的实施有其地域限制并且和区域水资源系统的特点相联系。处于丰水地区的区域水资源系统所面临的缺水风险无疑是工程性缺水或水质性缺水,对于这样的水资源系统,通过区域水利工程的开发和治污、挖潜等措施完全可以避免水资源短缺风险;但对于处于北方干旱半干旱地区以资源性缺水为主的地区要彻底避免水资源短缺风险则存在着巨大的困难。

7.2.2 损失控制

由于规避风险固有的局限性,它的使用在水资源风险管理中受到很大的限制。而作为风险管理措施的损失控制则得到了广泛的应用。损失控制是指有意识的采取行动,防止或减少事故的发生和所造成的社会经济损失。它的目标分为两种:①在损失发生之前,全面的消除损失产生的根源,尽量降低损失发生的频率;②在损失发生之后努力减轻损失的程度。上述两种损失控制也可以称为损前控制和损后控制。

损失控制与风险规避的共同之处是二者都以处理风险单位本身为对象,并未采取转移风险的策略。损失控制与风险规避的不同之处是:

(1)损失控制是处理风险主体不愿放弃与不愿转移的风险,是风险管理者主动采取的风险管理措施;风险规避是风险管理者主动放弃或者中止风险。

(2)损失控制的目的是在积极改善风险单位特性使其能为风险主体所接受,但是,风险规避则是消极的放弃或中止风险。

损失控制技术可以依据不同的原则进行分类,其大致可以分为以下几种:

(1)按照损失控制的目的划分可以分为损失预防和损失抑制。损失预防以降低损失概率为目的,防止风险事故的发生;损失抑制以减少损失幅度为目的,防止损失的扩大。例如,种植耐旱作物、土地平整、建造雨水储存设施等就可以减少干旱损失发生的频率,属于损失预防的措施。又如,干旱灾害发生时的一切抗旱救灾措施,则属于损失抑制。

(2)按照损失控制执行的时间可以分为损前控制、损时控制和损后控制。按照损失控制执行的时间来划分,损失控制可以分为损失发生之前控制风险、损失发生时控制风险和损失发生后控制风险。损失前控制的目的是损失预防,损失发生时和损失发生后风险控制的目的是抑制、减少事故造成的损失。

由于水资源短缺的经济损失不仅与水资源短缺风险的大小有关,

同时也与区域社会经济规模有关,所以关于水资源短缺风险的损前控制应该考虑与区域水资源承载能力相适应的社会经济规模,这些控制措施相应的包括工程手段、行政手段、经济手段和法律手段。关于损后控制的方法见下面有关章节关于水资源短缺应急方案的论述。

7.2.3 转移风险

转移风险是将自己所面临的损失风险转移给其他主体来共同承担的行为。风险转移分为两类:一类是非保险转移,另一类是保险转移。本节主要讲述非保险转移风险,以保险的方式转移风险将在第7.3节介绍。

所谓非保险转移是指风险管理单位将损失的法律责任转移给非保险业的另一个经济单位的管理技术。风险转移与风险规避不同,风险规避技术是放弃或者终止存在的风险单位,而风险转移则允许风险单位继续存在,将损失的责任转移给第三者承担。风险转移与损失控制不同,损失控制直接对风险所致损失的频率和幅度加以改善,而风险转移则将风险转移给其他单位(人)承担,从而使风险管理单位达到降低损失或者减少损失的目的。

保险是另一种风险转移的办法,保险人提供转移风险的工具给被保险人或者投保人。保险也是一种分摊风险和意外的方法,一旦发生意外损失,保险人就可以补偿被保险人的经济损失。

对于区域水资源系统而言,转移风险的途径主要有:区域调水、进行水权交易和水资源短缺风险的投保。跨流域调水工程可以使得枯水年份水资源短缺风险由调入区和调出区共同承担;水权交易市场的开辟,可以使得需水方把水资源短缺风险部分转移到供水方;通过对水资源短缺风险的投保,可以使水资源短缺风险转移到所有保险公司的投保人,关于水资源短缺风险的保险还有待进一步的研究。

7.3 建立风险基金制度的设想

水资源保障体系工程不单纯是社会福利事业,而是国家经济建设中属于基础产业的一部分,除国家财政负担一部分建设费用外,直接受益的生产、经营单位以及家庭都应负担一部分费用。由于目前进行水资源短缺风险的保险不太现实,那么建立水资源短缺风险基金则值得探讨。建立水资源短缺风险基金既是水资源可持续利用的要求,也是区域经济社会可持续发展的要求,通过水资源短缺风险基金的征收有助于实现区域水资源的滚动开发及区域用水水平的改善。在一定范围内针对一定的用水对象征收水资源短缺风险基金,一方面是对国家水资源工程建设的必要资金补充,另一方面也有助于风险区人民安全度过水资源短缺风险期。

7.3.1 风险基金征收的原则和对象

水资源短缺风险基金的征收原则总体是“谁受益,谁出资,多受益,多出资”,基于这一原则,水资源短缺风险基金的征收范围应是接受水资源保障工程体系泽惠的地区和行业及利益集团。在实际运用中,有两种征收范围:一是按供水工程的供水区域进行征收,另一种是按照行政区划进行征收,后一种征收在某种程度上消除了水资源区域分布不均造成的水资源工程费用的巨大差距,同时也体现了一定的社会公平性,值得提倡。

7.3.2 风险基金的组成

风险基金的组成有以下几部分:

(1)各级政府专拨抗旱经费。

(2)结合水资源费进行日常征收。在我国目前的现行水价征收体系中除了供水工程的运行管理费和排污费外,还包括一项水资源费,只不过水资源费的征收、管理、分配和使用不尽合理。因此,建议水资源风险基金应该结合水资源费来征收(包含到水价当中),同时在征收的水资源费中提留一部分作为水资源风险基金使用,由政府防汛抗旱部门统一掌管和使用。

(3)水资源短缺期征收。由于考虑到国民经济效益的总体最大化,往往在水资源短缺期过分挤压农业用水,使得供水向高产出、高效益部门流动,这虽然符合经济最优化的思想,但从社会公平性出发,这种方式存在着极大弊端,有可能造成社会的不稳定。政府在干旱期对农业的减灾救灾压力偏大,所以应该考虑在水资源短缺期向水资源重新分配的受益部门加收水资源风险基金,这一方面可以为农村的抗旱工作提供资金支持，另一方面可以向由于水资源重新分配而遭受损失的农业进行一定的补贴。

7.3.3 风险基金的使用

风险基金的使用有以下方面：

(1)水资源短缺期的抗旱费用。水资源短缺期的农业用水往往是受灾的重头，政府组织的一切抗旱保苗应急供水措施等所花费的费用需由风险基金承担。

(2)受灾区补偿费。由于应急调水使得水资源在空间上重新分配造成的受灾地区人为受损的补偿。

(3)政府补贴农民和农业遭受损失。由于水资源的在各行业的分配势必造成水资源短缺期对农业用水的挤压，风险基金应该承担政府对农业和农民进行的一定程度的补偿的职能。

7.4 首都圈水资源保障预警系统

水资源短缺风险管理是在充分分析和了解水资源短缺及其形成机理，掌握水资源短缺的时空变化规律和发展趋势的基础上，采用多因子的水资源短缺预警指标体系对水资源短缺进行早期识别，通过水资源短缺预警的研究，根据风险理论，对潜在的水资源短缺影响做出评价，使得人们在水资源短缺早期就有所防备，以减轻水资源短缺所带来的损失，并使水资源短缺的发生成为预料之中的事。对于不同程度水资源短缺，都有一套防旱抗旱措施与之对应，当水资源短缺来临时做到心中有数，有的放矢。

首都圈水资源短缺早期预警的目的是要使政府和用水部门以及各有关部门，在受到水资源短缺威胁之前，有充足的时间来采取适当的措施和方法，尽量来降低水资源短缺给人民生活、工农业生产带来的损害，保护最容易受到危害的环境。

首都圈水资源短缺的早期预警应用遥感监测、中长期预报、过程模拟、指标评价等多种技术手段，并选择具有适用预警指标的数据和信息，对水文和气象因子变化，以及来水和用水的状况进行监视，对水资源短缺发展的各个阶段进行早期识别。由于水资源短缺的形成是一个复杂的多因子之间相互作用的过程，而不是纯粹以气象因子为主导的。没有哪一个水资源短缺指标能够充分反映水文循环中各组成部分之间复杂的相互关系及影响，因此对水资源短缺预警指标的选择，要综合考虑各类因素对水资源短缺的影响，如降雨、温度、蒸发蒸腾、长期气象预报、土壤含水量、河道流量、地下水水位、水库和湖泊水位等，建立多指标的水资源短缺预警指标评价体系。

在确定水资源短缺对经济、社会和环境部门造成的影响时，需要采用多个水资源短缺定义来划分水资源短缺的不同阶段。如可以将水资源短缺的各阶段划分为“初期”、“警戒期”、“紧急期”、“危机期”和“缓解期”。通过水资源短缺预警指标与水资源短缺各个阶段相对应的临界值来对水资源短缺的各个阶段进行识别。

首都圈水资源短缺预警指标体系能够提供有关水资源短缺影响的信息及其原因，这对于在水资源短缺发生前降低水资源短缺风险以及在水资源短缺期间采取适当的抗旱措施是至关重要的。

首都圈水资源保障预警系统的建立是一个庞大的系统工程，需要进行专门的细致研究，本书在此不再赘述。

7.5 首都圈水资源保障系统应急方案预案

水资源短缺预案通过对研究区历史上发生过的主要水资源短缺事件进行分析，对过去的水资源短缺影响进行评价，从中选择资料条件较好的不同程度的(受旱严重、中等和轻度等)有代表性的水资源短缺年份的雨情、水情及其空间分布，作为水资源短缺预案研究的典型模式。在此基础上预测，如果在现在的情况下，类似水资源短缺发生到不同阶段时将会对工农业生产、城市供水和生态环境造成什么影响。通过对潜在的旱灾的评估，来选择缓解水资源短缺的途径和方法，制定不同水资源短缺阶段应该执行的水资源分配原则、应采用的有效抗旱措施，以及提高抗旱能力而进行的长期防旱减灾计划。

水资源短缺后评价是评价水资源短缺预案对减轻旱灾经济损失，消除不利社会影响的作用，同时评价水资源短缺预案所采取措施的有效性和风险性。水资源短缺后评价应当包括对水资源短缺的气候和环境条件、经济社会影响、水资源短缺预案在减轻水资源短缺影响、方便救济及在水资源短缺后的恢复期的作用等的分析。从此可以看出，水资源短缺预案研究是经历水资源短缺预案研究—灾后评价—预案研究的一个不断深化的动态过程，预案研究的结果必须不断修正，才能反映变化中的社会、经济和环境状况。

在水资源短缺规划中从危机管理转向风险管理是一项艰巨的任务，因为过去很少为理解和解决与水资源短缺有关的风险做过工作。为解决这一问题，应当确定高风险区以便在水资源短缺发生前就能采取行动降低风险，这在本书第6章的水资源短缺风险区划中有所体现。

水资源短缺危机期的水资源管理工作中最重要的任务之一是，在水资源短缺期，政府和水管理机构必须依据旱情在不同用水户间进行水的重新分配决策。必须制定协调用水计划以及应采取适用于不同水资源短缺条件的抗旱措施。首都圈水资源短缺危机期的水资源保障供给预案如下：

(1)对跨省的河流严格执行枯水年和特枯水年全河水量额定分配制度。

(2)根据各用水部门对社会安定、国民经济的重要性以及水资源短缺期的供水情况，确定供水的优先次序及其配供水量。比如，对城镇和农村生活用水，实行定时、限量供水；对社会经济影响较小且耗水量大的工厂，实行限产或停产；对农业用水，要考虑灌溉用水的季节变化，考虑农作物生长所需的关键水和对商品菜田需水实行低限供水等，尽量保证人们最低的粮食和蔬菜需求，以保证社会安定和减少水资源短缺所造成的损失。

(3)挖掘供水工程潜力，增加水资源短缺期供水。扩大供水与蓄水管理紧密相关。水资源短缺期的蓄水管理就是要在保证下一年基本蓄水要求的条件下尽可能多地增加供水。在水资源短缺期蓄水工程的调度应按照事先制定的不同水资源短缺期蓄、放水标准来运行。根据旱情发展，适时调整工程的供水方式，动用水库的部分死库容，缓解水资源紧缺状况，满足重点部门的需水要求，例如对天津的缺水可以适当地动用潘家口水库的死库容，在过去已经有过这方面的经验。

(4)在控制地下水降深和不引起严重环境地质问题的前提下,适当超采浅层地下水和适当动用深层地下水,以缓解该地区缺水的燃眉之急。深层地下水补给困难,交替期长,为难以恢复的水资源,在旱年动用的水量,在偏丰年时,应予以回补,以备以后遇到特旱年时补充供水之需求。

(5)跨流域或跨地区临时调水的应急措施。资料分析表明,不同流域或不同地区之间,同时发生特大水资源短缺的概率是较小的。在有一定工程的条件下,跨流域(地区)向重灾区临时调水,以应急需。如在干旱年份如果有必要天津可以考虑通过引黄济津工程从黄河引水以确保城市生活和工业供水。

7.6 小结

为了对区域水资源短缺风险进行管理,可以采取一系列处理和调控手段,这些手段有技术手段、法律手段、行政手段、经济手段、科技手段、宣传手段等。本章有选择地对一些风险处理的技术手段进行了较为详细地研究,重点从需水管理和供水管理两方面对一些水资源风险处理措施进行了探讨,来分别说明这些风险处理手段对减免水资源短缺的贡献率。在风险管理技术手段研究的同时本章对水资源短缺风险调控的策略也进行了探讨,最后对首都圈的水资源保障预警系统和应急方案预案进行了研究。本章的研究结果为区域决策者提供了水资源风险管理方面的决策依据。

第 8 章　水资源短缺风险决策

在第 4 章水资源短缺风险分析和第 5 章水资源短缺经济损失计算的基础上，利用系统理论中风险决策的理论方法对水资源系统的风险决策进行探讨。本章分三个层次对水资源系统进行风险决策研究，分别是单目标风险决策、效用期望值决策和多目标风险决策，最后以首都圈为例对上述理论和方法进行了应用。

8.1　风险决策基本概念

决策，作为广泛存在于人类各种社会实践活动中的一种智能，它包括下述动态反馈过程(邵东国，2001)。

(1)探索环境，诊断问题或机会所在，确定决策目标；

(2)探索和拟订各种可能的被选方案；

(3)从各种被选方案中选出最合适的方案；

(4)实施所选的决策方案，在实施中对原决策做出评价。

系统的决策按其所处的状态环境可分为：

(1)在确定性状态环境下的决策。即在做出决策之前，能确知影响决策的未来必定发生的状态，称之为确定型决策。

(2)在不确定性状态环境下的决策。即在做出决策之前，不能确定发生哪种状态，但是又必须选择某种行动和承受实际状态发生后对行动后果的影响，称之为不确定型决策。这类决策问题是根据事先给定的决策准则，从可行的方案集中选择一个满意的行动方案。选择什么样的决策准则将取决于决策者对待风险的态度，还取决于对未来状态环境的可知程度。根据对未来状态环境的可知程度，可将不确定型决策分为两类：①风险型决策。此时，未来状态发生的概率分布可以依据经验和历史资料合理地估计出来(不管是主观的还是客观的)。②完全不确定型决策。此时不仅未来状态的发生是不确定的，并且未来状态发生的概率分布由于缺乏经验和资料往往也是不可知的,即无法估计出来。在这种情况下,决策带有很大的主观性。现今主要的决策方法有乐观法、悲观法、折中决策法及后悔值决策法等(Chow V T.,1988;A·H S,Tang W H,1984)。这些方法的选用,主要取决于决策者对待风险的态度和决策者的经验。这里需要指出的是,完全不确定型决策也包含着风险,只是风险事件的概率即风险率无法估计,风险不能被量化而已。决策只要受到不确定性,即偶然性因素的影响就存在一定的风险,这是不依赖于决策者的意志而转移的。尽管风险型决策与完全不确定型决策都要冒一定的风险,但从分析的目的出发,将不确定型决策区分为风险型决策与完全不确定型决策是非常有用的。

由此可知我们要研究的所谓风险决策是指决策者在考虑风险存在的情况下做出的决策,风险决策问题需要具备以下几个条件:

(1)有一个决策目标(如收益较大或损失较小);

(2)存在两个或两个以上的行动方案;

(3)存在两个或两个以上的自然状态;

(4)决策者通过计算、预测或分析估计等方法,可以确定各种自然状态未来出现的概率;

(5)每种行动方案在不同自然状态下的益损值可以计算出来。

风险决策按其所要达到的目标分为单目标风险决策和多目标风险决策,在决策中根据决策者的态度又可引入效用理论。

8.2 水资源短缺的单目标风险决策

8.2.1 风险决策的期望益损值法

设给定单目标效益型决策问题

$$\max_{x \in X} f(x,\xi) \tag{8-1}$$

式中,X 为决策空间;x 为决策向量;ξ 为状态空间 Ω 上的随机变量;X 和 Ω 不相依赖;f 为单目标效益型目标函数。

式(8-1)是单目标风险型决策问题,可用多种方法求解(王建群,1994),如极小化风险率法、极大化希望水平法、期望值法、概率均衡法、随机优势方法、均值方差两目标方法等。

期望值法也称最优期望益损值法。

概率中的数学期望(随机变量)为

$$E(x) = \sum_{i=1}^{n} P_i x_i \tag{8-2}$$

式中,P_i 是 $x = x_i$ 时的概率。我们把每个方案 A_i 看成是离散型随机变量,其取值就是在每个状态 θ_j 下相应的益损值 S_{ij}。

第 i 个方案 A_i 在第 j 种自然状态 θ_j 下的益损值为 S_{ij},则第 i 个方案 A_i 的益损期望值为

$$E(A_i) = \sum_{j=1}^{n} P_j S_{ij} \quad (i = 1,2,\cdots,m) \tag{8-3}$$

上式表示行动方案 A_i 在各种不同状态下的益损平均值(可能平均值)。

所谓期望值法,就是把各个方案的期望值求出来进行比较,如果决策目标是收益最大,则期望值最大的方案为最优方案;如果决策目标是损失最小,则期望值最小的方案为最优方案。利用期望值法进行决策的具体方法常见的有决策表法、决策树法等。

水资源系统供水短缺风险决策的损失期望值法基本步骤如下:

(1)拟定一定总投入 C_i 下不同风险管理措施综合方案,各方案的投入一般包括节水、治污、挖潜和调水。

(2)在研究区长系列输入情况下进行水资源一次供需平衡,并求出研究区的缺水量系列。

(3)利用输入的不同风险管理措施,分别计算求出研究区不同保证率的节水量、增供水量。新增供水量包括当地水资源挖潜、治污和南水北调等措施增加的水量。在此基础上进行流域不同保证率情况下二次供需平衡分析,由节水量、增供水量求各方案投入情况下水资源系统的缺水量系列。

(4)根据前述的水资源宏观经济模型求出各方案投入资金后相应缺水经济损失值系列 E_{ij},并对该缺水经济损失值系列进行描述统计,求出其损失期望值。

(5) 将各方案的投入费用测算到基准年 2010 年,求出其投资年费用 C_{i0},以 2010 年为基准年计算不同风险概率下总损失值表,需要强调

的是，这里的损失为缺水经济损失与总投入基准年年费用之和，即 $S_{ij}=E_{ij}+C_{i0}$。

(6)根据不同方案不同概率的损失值计算各方案的损失期望值 $E(A_i)=\sum_{j=1}^{n}P_jS_{ij},\quad(i=1,2,\cdots,n)$，最小的损失期望值 $\min E(A_i)$ 对应的方案则为最理想方案。按这一最理想方案确定的总投入和相应的挖潜、节水、治污、南水北调的投入规模就是所有方案中最理想的风险管理方案。

对水资源系统的单目标风险决策可以采用决策树法(见图 8-1)。

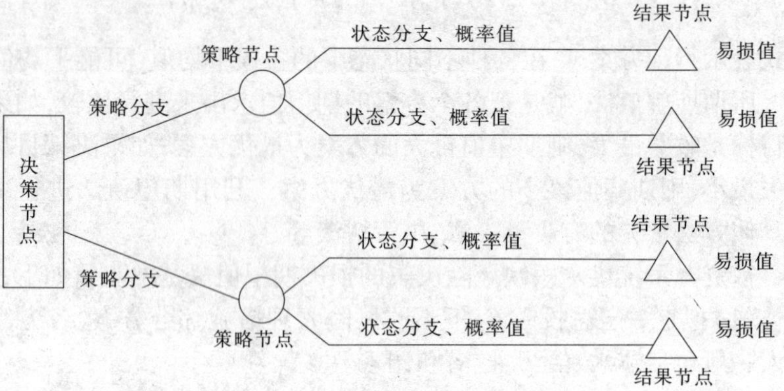

图 8-1　水资源系统单目标决策树示意图

8.2.2　风险决策的效用期望值分析法

以损失期望值为标准选择风险管理的方案存在着一些局限，这种方法没有考虑到同一损失对不同主体的影响可能是不同的。最大效用期望值决策准则是依据效用理论，通过效用函数(或效用曲线)，计算出各个策略节点的效用期望值，以效用期望值最大作为最优策略的选优准则，即代替风险决策中的期望益损值进行决策。

8.2.2.1　效用的概念

效用，可以解释为人们由于拥有或使用某物而产生的心理上的满意和满足程度。效用理论认为人们经济行为的目的是为了从增加货币量中取得最大的满足程度，而不仅仅是为了得到最大的货币数量(何坚勇,2000)。

决策者对待风险的态度，一般可分为三种：第一种是回避风险，这种人是保守型的，不求有功，但求无过。一项事业收益的数学期望值虽大，但因有风险，他也不会去干，他宁肯去干赚钱少而有把握的事。第二种是勇于冒险，这种人充满了进取和开拓精神，只要有一线希望就全力去奋斗，去争取，一心想着胜利，很少考虑失败。那种盈利期望值大的事业对他的效用就很大，甚至对于盈利高而成功概率小的事业（虽然期望值也不大）他也乐于去争取，去冒险。这两种情况是对待风险的两种极端态度。第三种情况是介于以上两者之间所谓折中或中性态度。

效用值还与决策者本人的素质有关,这就使效用值具有很强的主观特性(当然也是受客观因素影响的),但为了做出科学的决策,需对效用值做出定量的描述。

"效用值"是一个"主观价值",且是一个相对大小的值。因此,一般指定决策者可能得到的最大收益值相应的效用值为1(或100),而可能得到的最小收益值(或最大的损失值)相应的效用值为0。

8.2.2.2 效用函数与决策

在一般情况下,决策者对某些行动方案的取舍有两种形式:直接取舍和根据风险的态度取舍。实际上，一些重要的决策都是上述两种形式的结合。这两种形式的共同点就是把决策者的主观因素,决策者的行为包括在内。行为科学、心理学对决策科学起着重要的作用(李启明,2001)。任何一种关于行为选择的理论都应当能成为解释上述两种选择形式的理论根据。而效用和效用理论正是这样一种能被一般人所接受的理论。

运用效用理论的首要工作是确定决策主体对收益或损失的量化反应。反应效用度与金额之间对应关系的函数为效用函数,即效用函数值就是与益损值(或损失值)一一对应的一组数据。因此,前面介绍的评价准则和决策方法仍然有效,只是将益损值换成效用值，将益损值的数学期望值换成效用值的数学期望值。并且不论实际的收益是货币形式的或非货币形式的,是单变量的或多变量的,是可直接量化或不能直接量化的，只要化成了效用函数，其决策方法都是一样的。

综上所述，效用函数就是某评价量的函数，这个评价量可以是收益值、损失值、节省的时间、方便程度等，或者是它们的组合。效用函数及评价量具有如下性质：

(1)每一个评价量都由一个数据所确定；

(2)评价量的优劣次序由这些数据所排定；

(3)效用函数并不能给出事件评价的绝对值，它只能给出几种方案相比较时的相对值，根据这个相对值可定出优劣顺序，供决策时使用。

8.2.2.3 效用函数的类型

用图形表示的效用函数为效用曲线，根据对待风险的态度可将效用函数曲线分为三种基本类型——回避风险(Risk - averse)、中性态度(Risk - neutral)和勇于冒险(Risk seeking)，其图形如图 8-2 所示。例如对某一货币量，对于持中性态度的人来讲，他的效用值是按照数学期望计算出来的值；而对于一个勇于冒险的决策者来讲，其效用值则比中性态度的要小，即他更乐于将这些钱花掉；但对于一个回避风险的决策者来说，这么多钱的效用值要大得多，因而会舍不得花掉这些钱去冒险。一般来讲，多数负责人都稍偏向于回避风险。

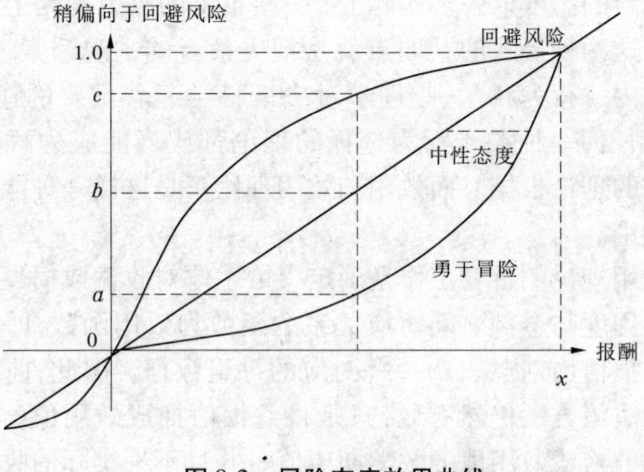

图 8-2 风险态度效用曲线

8.2.2.4 水资源短缺风险决策的效用期望值法

在水资源系统的风险决策中,对方案的选择在某种程度上取决于决策者对风险的态度。人们对风险的态度不同,对极值缺水风险所赋予的权重也不同。勇于冒险的决策者认为出现特别干旱的年份的概率很小,可以忽略;保守的决策者认为每年均有可能遭受大规模水资源短缺的威胁,在防御一般规模水资源短缺的同时非常重视可能的大规模缺水风险所带来的严重损失;态度中立的决策者对待风险的态度则介于上述两者之间。效用概念是我们判断决策者对待风险态度的有力工具。

我们认为在不采取任何风险管理措施时的缺水损失是最不期望的属性值,其效用 $U(r_0)=0$,认为采取一定的水资源风险管理措施后使得水资源系统缺水损失期望值下降为 0 时的属性效用值 $U(r_1)=1.0$,从而可以得到水资源短缺损失的效用函数(傅湘,2001)为

$$U_{ri} = K\left[\exp\left(-r\frac{E_0 - E_i}{E_0 - E_1}\right) - 1\right] \tag{8-4}$$

式中,K,r 参数依决策者对待风险的态度而定,对于喜风险型 $K=0.125$,$r=0.22$;厌风险型 $K=-1.125$,$r=-0.22$;风险中立型 $U_{ri}=0.1(E_0-E_i)/(E_0-E_1)$。

按照以上定义,可将水资源系统单目标风险性决策问题的益损期望值决策准则发展到效用期望值决策准则:第 i 个方案 A_i 在第 j 种自然状态 θ_j 下的益损值为 S_{ij},效用值为 U_{ri},则第 i 个方案 A_i 的效用期望值为

$$E(U_{ri}) = \sum_{j=1}^{n} P_j U_{rij} \quad (i = 1,2,\cdots,m) \tag{8-5}$$

上式表示行动方案 A_i 在各种不同状态下的效用期望值(可能平均值)。

所谓水资源风险决策的效用期望值法,就是把各个方案的效用期望值求出来进行比较,将效用期望值最大作为最优准则进行方案排序和推荐方案选择。

8.3 水资源短缺的多目标风险决策

8.3.1 多目标风险决策概述

在前面几节所讨论的风险决策中用的指标是最优期望益损值准则

和最优效用期望值准则,这些都是单目标的。但在实际问题中,许多都是多目标问题,例如在要求投资最小收益最大的情况下,还需兼顾社会效益和生态效益等。

如果将对风险的要求,例如要求风险尽可能小,作为多目标决策中的一个指标,那么多目标决策便成为对风险进行的一种评价,或者说,风险评价便通过多目标决策方法直接对决策产生影响。

所研究的多目标风险型决策问题为

$$\max_{x \in D} f(x,a) = (f_1(x,a), f_2(x,a), \cdots, f_m(x,a))^{\mathrm{T}} \tag{8-6}$$

式中,D 为决策空间,$x \in R^n$ 为 n 维决策向量;a 为状态空间 Ω 上的随机变量;$f(x,a)$ 为 m 维效益型目标函数向量。

多目标决策分析有很多种方法,最简单的方法是将所有指标加权求和,当然这里需要将各种指标(包括风险在内)进行量化,然后再对这一总指标进行优化。这实际上是将多目标决策问题通过加权求和变成单目标决策问题进行分析计算。

这种将多目标化为单目标的决策方法虽然简单,但实际应用时会遇到一些困难,主要是有些指标(如政策、规划类指标)难以量化,加权系数也不容易确定。另外,有时最优值受某些参数影响的灵敏度太高,即当某些参数变化时,最优值变化很大。因此,通常采用不求最优解而是非劣解(郭仲伟,1987)的方法。

8.3.2 水资源短缺的多目标风险决策模型

模型的构造是以区域水资源系统为分析对象,该水资源系统包括了供水系统、输水系统、配水系统和用水系统,任务是充分利用现有的水利工程及一整套输配水工程,尽可能地保证区域的工农业及人民生活用水量,以及生态环境等用水量。为此,水资源系统进行多目标决策的目标函数的选择应追求投资最小化、缺水损失最小化和水资源短缺风险最小化。

本专题对上述的多目标风险型决策问题式(8-6)采用这样的求解方法:将前文提出的水资源风险的性能指标纳入到水资源系统的多目标模型中,结合决策者的偏好,可以采用多维指标分别对目标函数 $f_1(x,a), f_2(x,a), \cdots, f_m(x,a)$ 进行评价,进而将风险型决策问题式

(8-6)转化为确定性的多目标决策问题,然后便可以利用模糊优选的方法对该确定型决策问题进行求解,从中得出各方案的满意排序。

8.3.3 水资源短缺多目标决策模型的建立

(1)目标函数的确定:水资源系统多目标风险决策的目标包含三个方面的内容,分别是投资费用最小化、缺水量最小化和缺水风险最小化。

①投资费用最小化。为了对付水资源短缺危机,所能采取的措施有开源措施和节流措施,这些措施有节水、污水回用、调整产业结构、提高水价、开发当地水资源和外流域调水等,而每种措施的实施都对应着相应的投入,水资源风险决策的一个重要目标就是追求各种组合方案的投资费用总和最小。

②缺水量最小化。每种投资方案的直接后果就是水资源风险管理措施实施后区域水资源短缺趋于减小,换句话说,缺水量最小化对应的是缺水损失最小化目标,即要求每种管理措施的增供水量抵消缺水量后的损失最小。

③缺水风险最小化。对水资源短缺的风险目标追求的是缺水风险率的最小化,即期望发生某种供水保证率情况下的缺水风险越小越好。

对应于不同的投资方案,可以计算出其综合投资目标值 C_i 和缺水量目标值 W_i,以及在各方案投资情况下的缺水风险 P_i,$i=1,2,\cdots,n$,这时多目标决策问题的目标函数可以写成

$$\begin{cases} G_1 = \min\{C_i\} \\ G_2 = \min\{W_i\} \\ G_3 = \min\{P_i\} \end{cases} \tag{8-7}$$

对于上述三个目标,实际上目标①和目标②可以合并成一个目标,即缺水损失值最小,这里的缺水损失是采取缺水风险管理措施后的缺水损失值和相应的方案投资之和。

(2)决策变量:决策变量系水资源短缺各风险管理措施的投资 x_{ij}。

(3)约束条件:

$$x_{0j} \leqslant x_{ij} \leqslant x_{nj} \tag{8-8}$$

$$C_i \leqslant C_n \tag{8-9}$$

$$W_i \leqslant W_n \tag{8-10}$$

$$P_i \leqslant P_0 \tag{8-11}$$

式中,x_{0j},x_{nj}分别表示第 j 项措施投资额度的上下限;C_n,W_n 分别为区域在水资源管理方面总投资能力和区域允许最大缺水量,区域允许最大缺水量一般为区域总需水量扣除城镇生活用水量和工业需水量后的需水量;P_0 为区域缺水风险的控制标准。

(4)可行方案集:满足约束条件(8-8)和约束条件(8-9)的方案集合称为可能方案集,可能方案集中满足约束条件(8-10)和约束条件(8-11)的方案集合称为可行方案集。

以上便是水资源系统水资源短缺多目标风险决策模型,此模型为一多目标的非线性模型,各变量之间的关系复杂,各目标之间的权数相互矛盾、相互竞争,它的解由"非劣解"支配,孰优孰劣难以判断,如何从中选出最优方案是我们最为关心的问题。根据上述多目标决策问题的特点,可以选用模糊控制模型对上述问题进行求解。

8.3.4 水资源短缺多目标决策模型评价指标的选择

上述水资源系统多目标决策模型的每一个目标都相应于一种或多种准则,每个目标相应的评价指标选择如下:

(1)投资费用目标的评价指标。投资费用指标可以包括各项投资费用年值、各投资项目的年运行费用等。

(2)缺水量目标的评价指标。缺水量目标的评价指标可以包括增供水量指标、区域总缺水量指标和缺水损失指标,实际上这三个指标可以概括为一个指标,即区域缺水损失期望值指标。

(3)缺水风险目标的评价指标。缺水风险目标的评价指标可以采用缺水风险率、易损性、可恢复性、事故重现期和风险度。

水资源系统风险决策的评价指标体系见图 8-3。

8.3.5 确定目标权重

权重是目标或准则重要性的数量化表示,决策者可以根据目标(或准则、指标)的重要性赋予不同的值。本章对水资源系统的多目标风险决策采用多目标距离最大化法(刘新建、张瑞凤,2002)来确定各准则的权重,具体步骤如下:

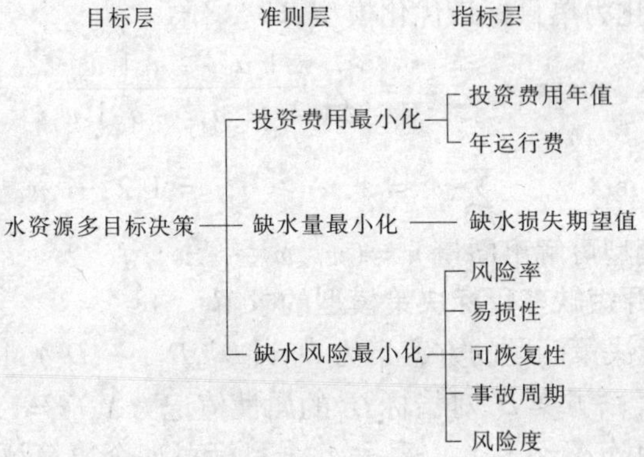

图 8-3　水资源系统多目标决策评价指标体系

设 $X=\{X_1,X_2,\cdots,X_m\}$ 为研究对象的全体，即可供选择的方案，$I=\{I_1,I_2,\cdots,I_n\}$ 为每个研究对象都要测量的指标。$w=(w_1,w_2,\cdots,w_n)^{\mathrm{T}}$ 为指标权重的向量，其中 $\sum_{j=1}^{n} w_j=1, w_j \geqslant 0(j=1,2,\cdots,n)$。$A=[a_{ij}]_{m\times n}$ 称为决策矩阵，其中 a_{ij} 是研究对象 I_j 上的一个取值，在计算时，决策矩阵应首先根据正指标与逆指标的特点分别进行规范化，A 表示已规范化的决策矩阵。

为了确定各指标的权重，可以建立如下多目标最优化模型

$$\max z = (z_1,z_2,\cdots,z_m) \tag{8-12}$$

$$\mathrm{s.t.} \sum_{j=1}^{n} w_j = 1, w_j \geqslant 0, j = 1,2,\cdots,n \tag{8-13}$$

其中，$z_i = \sum_{j=1}^{n} \frac{|a_j^* - a_{ij}| w_j}{1+|a_j^* - a_{ij}| w_j}$，$a_j^*$ 是指标 I_j 的“理想值”，实际中可取 $a_j^* = \max\{a_{1j},a_{2j},\cdots,a_{mj}\}$，$z_j$ 的含义为该研究对象 $X_i=\{a_{i1}w_1, a_{i2}w_2,\cdots,a_{in}w_n\}$ 与理想方案 $X^*=\{a_1^* w_1,a_2^* w_2,\cdots,a_n^* w_n\}$ 之间的距离，寻找一个权重向量 w，使得 $z_1,z_2,\cdots,z_m$ 达到最大，这样做的目的就是将各个研究对象更大限度地区别开来，以使我们更清楚地找出最优方案。

求解多目标最优化模型有多种方法，这里采用最简单的线性综合

方法,将其转化为单目标最优化模型,即

$$\max z = \sum_{j=1}^{n} z_i = \sum_{j=1}^{n} \frac{|a_j^* - a_{ij}| w_j}{1 + |a_j^* - a_{ij}| w_j} \tag{8-14}$$

$$\text{s. t.} \quad \sum_{j=1}^{n} w_j = 1, w_j \geqslant 0, j = 1,2,\cdots,n \tag{8-15}$$

由上述模型可解出向量 $w = (w_1, w_2, \cdots, w_n)$。

8.3.6 水资源短缺多目标决策模型的求解

设多目标决策问题的方案集为 $D = (D_1, D_2, \cdots, D_n)$,目标集为 $G = (G_1, G_2, \cdots, G_n)$,方案 D_j 对指标 G_i 的属性值记为 $X_{ij}(i = 1,2,\cdots,m; j = 1,2,\cdots,n)$,矩阵 $X = (x_{ij})_{m \times n}$ 表示 m 个目标对 n 个决策评价的目标特征值矩阵

$$X = \begin{bmatrix} x_{11} & x_{12} & \cdots & x_{1n} \\ x_{21} & x_{22} & \cdots & x_{2n} \\ \vdots & \vdots & & \vdots \\ x_{m1} & x_{m2} & \cdots & x_{mn} \end{bmatrix} = x_{ij} \tag{8-16}$$

将矩阵(8-16)中的特征指标值转化为相应的指标相对隶属度:对越大越优型指标,其隶属度构造为

$$r_{ij} = \frac{x_{ij} - x_i^{\min}}{x_i^{\max} - x_i^{\min}} \tag{8-17}$$

对越小越优型指标,其隶属度构造为

$$r_{ij} = \frac{x_i^{\max} - x_{ij}}{x_i^{\max} - x_i^{\min}} \tag{8-18}$$

于是可以将式(8-12)目标值转化为指标隶属度矩阵:

$$R = \begin{bmatrix} r_{11} & r_{12} & \cdots & r_{1n} \\ r_{21} & r_{22} & \cdots & r_{2n} \\ \vdots & \vdots & & \vdots \\ r_{m1} & r_{m2} & \cdots & r_{mn} \end{bmatrix} \tag{8-19}$$

若将矩阵(8-19)中每一行的最大值抽出,并称

$$r_g = (r_{g1}, r_{g2}, \cdots, r_{gm}) = (\max r_{1i}, \max r_{2i}, \cdots, \max r_{mi}) = (1,1,\cdots,1) \tag{8-20}$$

为理想的优等方案；若将矩阵(8-19)中每一行的最小值抽出，并称

$$r_b = (r_{b1}, r_{b2}, \cdots, r_{bm}) = (\max r_{1i}, \max r_{2i}, \cdots, \max r_{mi}) = (0, 0, \cdots, 0) \tag{8-21}$$

为理想的劣等方案，则任一方案 D_j 都以一定的隶属度 u_{gj}、u_{bj} 隶属于优等方案 r_g 和劣等方案 r_b，称 u_{gj}、u_{bj} 是方案的优属度和劣属度，可以构成最优模糊划分矩阵：

$$U = \begin{bmatrix} u_{g1} & u_{g2} & \cdots & u_{gn} \\ u_{b1} & u_{b2} & \cdots & u_{bn} \end{bmatrix}_{2\times n} \tag{8-22}$$

上式满足：$0 \leqslant u_{gj} \leqslant 1, 0 \leqslant u_{bj} \leqslant 1, u_{gj} + u_{bj} = 1, j = 1, 2, \cdots, n$。

设评价指标的加权向量为 $w = (w_1, w_2, \cdots, w_m)^{\mathrm{T}}, \sum w_i = 1$。为了求解方案 D_j 相对优等方案的相对隶属度 u_{gj} 的最优值，建立如下的优化准则：方案 D_j 的欧氏加权距优距离平方与欧氏加权距劣距离平方之总和为最小，即目标函数为

$$\min\{f = u_{gj}^2 \sum [w_i(r_{ij} - r_{gj})]^2 + (1 - u_{gj})^2 \sum [w_i(r_{ij} - r_{bj})]^2\} \tag{8-23}$$

其中，D_j 方案的欧氏加权距优距离为

$$S_{gj} = u_{gj} \sqrt{\sum_{i=1}^{m} [w_i(r_{gj} - r_{ij})]^2} \tag{8-24}$$

方案 D_j 的欧氏加权距劣距离为

$$S_{bj} = u_{bj} \sqrt{\sum_{i=1}^{m} [w_i(r_{ij} - r_{bj})]^2} \tag{8-25}$$

其中 $u_{bj} = 1 - u_{gj}$。

求目标函数(8-23)的导数，且令导数为0，得

$$\begin{aligned} u_{gj} &= \sum_{i=1}^{m} [w_i(r_{ij} - r_{bj})]^2 \Big/ \{\sum_{i=1}^{m} [w_i(r_{ij} - r_{bj})]^2 + \sum_{i=1}^{m} [w_i(r_{gj} - r_{ij})]^2\} \\ &= \left\{1 + \left[\sum_{i=1}^{m} [w_i(1 - r_{ij})]^2 \Big/ \sum_{i=1}^{m} (w_i r_{ij})^2\right]\right\}^{-1} \end{aligned} \tag{8-26}$$

上式便是多目标模糊优选模型，其中 u_{gj} 为决策优属度，u_{gj} 的从大到小排列便是方案的满意排序，即按以下方案优属度最大的原则

$$u_{gk}^{*} = \max\{u_{gj}\} \qquad (i = 1,2,\cdots,n;k \in n) \qquad (8\text{-}27)$$

则第 k 方案是区域水资源风险管理措施投入的最佳方案。

8.4 实例研究——首都圈水资源短缺风险决策

8.4.1 首都圈水资源短缺风险管理方案的拟定

所谓水资源短缺风险管理方案的拟定实际上就是拟定解决缺水问题的投资方案。投资确定后就可以确定相应的增供水量,进而可以研究减少缺水损失的经济效果。

首都圈解决缺水问题的投资方案的拟定参考了以下规划资料:①《南水北调节水规划要点》;②《黄淮海流域水资源合理配置与南水北调工程总体布局》;③《南水北调东线工程修订规划报告(初稿)》;④《南水北调东线治污规划(征求意见稿)》;⑤《管理体制与经济分析,南水北调东线工程规划专题报告之二》;⑥《综合经济分析,南水北调中线工程规划(2001 年修订)专题报告之五》;⑦《南水北调工程总体规划》;⑧《首都圈区域水资源规划》等科研报告。工作中把以上规划中与解决缺水问题的所有投资(节水投资、治污投资、调水投资)汇总,拟定一个基本方案,在此基础上增加或减少投资以确定不同的投资方案。

对于首都圈区域而言,水资源风险管理措施的投资方案不外乎节水、治污、挖潜和南水北调,在投资方案拟定之前首先得研究各种措施的单方增供水量投资额。需要说明的是,节水、治污等的单方投资是动态变化的,随着水资源开发利用程度的深入而增加,本次的单方投资是以 2010 年为基准计算的。实际工作中采用了有关规划中对 2010 年黄淮海地区与首都圈相关的区域或相近的区域的各项措施的单方投资作为首都圈风险管理方案的单方投资,见表 8-1。

对于首都圈这样的大型水资源系统,可根据工程、非工程措施各方面的任意组合来构造水资源风险管理方案,此次计算根据相关规划对首都圈水资源风险管理措施中的节水、治污、挖潜和调水各种情景的不同组合共拟定 7 个总投资方案,其中第一个方案为零投入方案,该方案对应的损失实际是以现状供水能力为基础的一次供需平衡首都圈期望缺水损失。从第二个方案开始投入依次增加,到第7方案时达到首都圈设定的最大投资值。

表 8-1　首都圈风险管理措施的单方投资(2010 年)　　(单位:元/m^3)

项目	节水			废污水回用			南水北调中线	南水北调东线
	农业节水	工业节水	生活节水	污水处理	污水回用	综合		
单方水投资	3.0	16.06	4.0	6.39~6.59	2.0~2.5	8.49~9.09	13.2~15.3	7.5~8.5
依据	①	①	①	②	②		③、⑥	③、⑥

注:上述数据来源于前述的各种有关规划并通过相应处理得来。

其中,方案2、3是无南水北调工程的投资方案,方案4只考虑了南水北调中、东线工程,方案5~7是南水北调工程和其他措施共同投入的投资方案。南水北调的投资只考虑了东线和中线,其在首都圈的投资分摊以首都圈的供水量为基准,并适当考虑输水距离的远近进行调整确定。从方案5开始节水的投资力度逐渐加大,由于随着节水的深入,单方节水量的投资会急剧增大,所以节水投入要适度。总投资包括节水投资、治污投资、挖潜投资和南水北调东线投资、南水北调中线投资,具体总投资和增供水量见表8-2。

8.4.2　首都圈水资源短缺风险的单目标决策

为了全面分析计算南水北调工程和其他节水、治污、挖潜措施的综合效益,评价中计算期采用50年,假定2010年为起始年,2060年为终止年。对于南水北调中线工程一期和东线工程一期二期均以2010年为基准年,将2010年前投入的部分以静态投资累计到2010年,然后以2010年为基准年对南水北调的投资进行年费用测算,对其他措施的投资也采用相同的处理方法折算其年费用,年费用测算公式如下:

$$C_0 = P[C/P,i,n] = P\left[\frac{i(1+i)^n}{(1+i)^n-1}\right] \tag{8-28}$$

式中,社会折现率 i 采用国家计委1987年发布的《建设项目经济评价方法与参数》规定的10%;计算年限 n 采用50年;P 为期初投资,即以2010年为基准年的静态累计投资;C_0 为各项投资的综合年费用。

表 8-2　首都圈水资源风险决策的方案设置

方案	节水投资（亿元）	增供水量（亿 m^3）	治污投资（亿元）	增供水量（亿 m^3）	当地挖潜投资（亿元）	增供水量（亿 m^3）	南水北调中线投资（亿元）	南水北调东线投资（亿元）	投资合计（亿元）
方案 1	0	0	0	0	0	0	0	0	0
方案 2	0	0	0	0	45.36	5.12	0	0	45.36
方案 3	12.70	4.60	0	0	45.36	5.12	0	0	58.06
方案 4	0	0	0	0	0	0	152.80	71.00	223.80
方案 5	12.70	4.60	15.20	8.90	45.36	5.12	152.80	71.00	297.06
方案 6	20.30	6.50	15.20	8.90	45.36	5.12	152.80	71.00	304.66
方案 7	80.70	14.07	15.20	8.90	45.36	5.12	152.80	71.00	365.06

将各方案的投资和增供水量输入水资源供需分析模拟模型就可以得到各方案的缺水长系列，对该缺水系列结合水资源宏观经济模型测算得到的水资源影子价格便可以得到区域水资源短缺经济损失长系列，对这一长系列进行统计分析就可以得到各方案的经济损失期望值。

将各方案的年费用和年损失期望值相加便可以得到各方案的总损失值，这便是进行风险决策的基本依据（见表 8-3）。

表 8-3　首都圈水资源系统各投资方案的评价指标成果　（单位：亿元）

方案	年费用	缺水损失期望值	总损失
方案 1	0	307.29	307.29
方案 2	4.58	215.85	230.43
方案 3	5.86	149.13	155.24
方案 4	22.57	41.48	64.05
方案 5	29.96	0	29.96
方案 6	30.73	0	30.73
方案 7	36.82	0	36.82

由表 8-3 可以看出，投资方案 2 和投资方案 3 在没有南水北调的

情况下年缺水损失巨大,仅通过当地的节水、治污、挖潜等措施并不能从根本上解决首都圈的缺水问题。而投资方案4在只有南水北调的情况下其损失也偏大,方案5的总损失最小,是首都圈解决缺水问题的最理想方案,该方案包括了节水、治污、挖潜和南水北调东、中线工程,比较彻底地解决了首都圈地区的缺水问题。从方案5开始,在有南水北调的情况下再进一步的加强节水投入从经济上来说是不划算的,所以应该掌握节水措施的适宜规模,这个规模便是区域水资源短缺的调控标准。

综上所述,方案5是解决首都圈地区缺水问题的推荐方案。

8.4.3 首都圈水资源短缺的多目标风险决策

8.4.3.1 多目标评价指标的建立

对在单目标决策过程中拟定的首都圈水资源决策方案经过有关的水利计算和模型运算可以得到各评价指标对应于各方案的函数值,计算结果见表8-4。值得说明的是,在计算投资目标时难以确定项目的年运行费用,所以暂时只能考虑各项投资的费用年值。

表8-4 首都圈避险措施投资的效益与风险计算

序号	指标	方案编号						
		1	2	3	4	5	6	7
1	总投资	0.000	45.360	58.060	223.800	297.060	304.660	365.060
2	费用年值	0.000	4.575	5.856	22.572	29.961	30.728	36.820
3	增供水量	0.000	5.120	9.720	0.000	18.620	20.520	28.090
4	期望缺水量	20.890	14.670	10.070	2.817	0.000	0.000	0.000
5	缺水损失期望值	307.290	215.850	149.130	41.480	0.000	0.000	0.000
6	风险率	1.000	1.000	1.000	0.932	0.000	0.000	0.000
7	易损性	0.213	0.158	0.111	0.034	0.000	0.000	0.000
8	可恢复性	0.000	0.000	0.000	0.098	1.000	1.000	1.000
9	重现期	0.000	0.000	0.023	0.103	∞	∞	∞
10	风险度	0.291	0.393	0.556	0.494	0.000	0.000	0.000

8.4.3.2 多目标决策模型的求解

已知可行方案集,即表8-4第①行数值;投资费用目标以费用年值表示,即表8-4第②行数值;缺水量目标以缺水损失期望值表示,即表8-4第⑤行数值;缺水风险目标以易损性和风险度作为本次评价的指标,即表8-4中第⑦行和第⑩行数值。将决策评价的目标特征值写成矩阵形式

$$X = \begin{bmatrix} 0 & 4.575 & 5.856 & 22.572 & 29.961 & 30.728 & 36.820 \\ 307.290 & 215.850 & 149.130 & 41.480 & 0 & 0 & 0 \\ 0.213 & 0.158 & 0.111 & 0.034 & 0 & 0 & 0 \\ 0.291 & 0.393 & 0.556 & 0.494 & 0 & 0 & 0 \end{bmatrix} \tag{8-29}$$

在首都圈水资源多目标决策模型中,投资费用年值、缺水损失期望值、易损性和风险度都是越小越优性指标,所以都按式(8-27)计算目标优属度矩阵,于是可以将式(8-29)目标值转化为指标隶属度矩阵:

$$R = \begin{bmatrix} 1.000 & 0.876 & 0.841 & 0.387 & 0.186 & 0.165 & 0 \\ 0 & 0.298 & 0.515 & 0.865 & 1.000 & 1.000 & 1.000 \\ 0 & 0.259 & 0.477 & 0.841 & 1.000 & 1.000 & 1.000 \\ 0.476 & 0.293 & 0 & 0.110 & 1.000 & 1.000 & 1.000 \end{bmatrix} \tag{8-30}$$

通过权重的确定模型可以得到首都圈水资源系统多目标决策的目标权重向量(0.175 2,0.387 3,0.271 6,0.166 1)。

有了上面的矩阵(8-30)再结合所求出的各目标权重可以用公式(8-23)求出各方案的决策优属度向量:(0.138,0.255,0.482,0.817,0.925,0.922,0.891),然后根据决策优属度最大的原则,有

$$u_{gk}^{*} = \max\{0.138,0.255,0.482,0.817,0.925,0.922,0.891\} = 0.925$$

$$p = 5$$

即选择方案5为水资源管理投资的最佳方案,这和单目标决策的结果一致,这一方案的目标值和各项措施的投资额可以从表8-4和表8-2中查出,其总投资297.060亿元、缺水经济年损失值为29.96亿元。决策结果表明,要解决首都圈的缺水问题,南水北调工程的上马具

有不可替代的作用。

8.5 小结

水资源风险管理研究中至关重要的环节之一就是对区域水资源风险管理方案进行风险决策,为决策者提供水资源管理方面的决策依据。本章基于前面各章的研究基础,利用系统理论中风险决策的理论方法对区域水资源短缺的风险决策进行探讨。文中分三个层次对水资源短缺进行风险决策研究,分别是单目标风险决策、效用期望值决策和多目标风险决策,这三个决策层次是递进的关系。最后以首都圈为例对上述理论和方法进行了应用。研究结果显示,要彻底解决首都圈的水资源短缺问题,南水北调的作用是绝不可忽视的,在南水北调存在的情况下,其他水资源管理措施的投资应该适度掌握一定的规模,这样才能保证区域社会经济的可持续发展和区域水资源的可持续利用。

第 9 章　水资源短缺风险控制标准初步研究

和防洪标准一样,区域水资源短缺风险控制标准的制定也是必要的,本章基于经济学中的供给与需求均衡原理从两个方面尝试建立水资源系统水资源短缺风险的最优控制标准,其一是针对整个区域水资源保障系统而言,另一个则是探讨在区域发生水资源短缺情况后如何调控区域水资源短缺风险的准则。第一个问题的研究填补了国内在这方面研究的空白,而第二个问题的研究则是对当前水资源规划理论的必要补充,具有一定理论意义,同时也具有一定的实际应用价值。

9.1　引言

对于洪水风险的控制标准(防洪标准)的研究开展的相当早,并且在理论方面已经趋于成熟,在实践应用方面国家对各城市制定了明确的防洪控制标准。同样由于水资源短缺风险的威胁,也使得国家制定水资源短缺控制标准的形势日益紧迫,但到目前为止,还未见到有关水资源短缺风险控制标准方面的研究报道。相应于防洪标准,水资源短缺风险控制标准同样具有其现实意义,一方面可以指导区域的抗旱工作,另一方面是区域水安全保障系统的有机组成部分。

人们利用各种水利工程和管理措施来控制和改变水循环的异常现象,抗御水旱灾害,但是区域水资源系统还是常常会发生意外,例如洪水暴发、水资源短缺等。安全问题是区域水资源系统极为关心的问题,但是为了确保安全,把水利工程建造得过高过大,不仅造成浪费,而且经济上也往往没有能力承担。一般情况下,都是在安全与经济两个方面,全面考虑和权衡,选择一个适当的区域水安全系统规划设计方案。

从一般意义上讲,任何技术问题以及社会问题,都有风险存在,没有风险率为零的情况。对于区域水资源供用水系统的设计,也没有必要一定要设计得具有抵御一切水资源短缺风险的强度，同样也没有必要在一切情况下都保障区域的供水充足。那么区域水资源保障系统所选择的设计常常要冒一定的风险。最重要的是，我们有必要来确定冒险到何种程度。

区域水资源系统抵御水资源短缺风险的控制标准，是指它所能抗御的水资源短缺风险的大小。区域水资源系统可供水量的大小每年不同，由多年的记载中可以看出，一般性的平水年份出现机会多，而丰水年份和枯水特枯水年份则出现机会相对要少。我们可以用供水保证率来确定或用重现期来表示水资源短缺出现的可能性大小。

在区域水资源保障系统的设计时，有必要选择一定重现期的水资源短缺量作为设计标准。当出现这种水资源短缺状况时，区域供用水系统仍能正常运用。这样对区域水资源保障系统选定的设计水资源短缺风险重现期和水资源短缺量称为区域水资源系统的水资源短缺控制标准。

由于资料的限制，水文系统的不确定性以及资料处理的数学手段的不确定性和其他社会因素、自然因素的影响，给区域水资源保障系统的设计带来了附加风险率的影响，使得区域水资源保障系统的规划和建设成为一个十分复杂的风险决策问题。

1994 年颁布(国家技术监督局，1994)的《防洪标准》GB50201—94 除了给出一些城市、乡村和工矿企业的定量防洪标准外，还作了一些原则性的规定，如“各类防护对象的防洪标准，应根据防洪安全的要求，并考虑经济、政治、社会、环境等因素，综合论证确定。有条件时，应进行不同防洪标准所可能减免的洪灾经济损失与所需的防洪费用的对比分析，合理确定”。《防洪标准》在对上述条文的说明中指出：“选定防洪标准，在很大程度上是如何处理好防洪安全和经济的关系。进行不同防洪标准可减免的洪灾经济损失(或称防洪效益)与需投入的防洪费用(包括建设投资和年运行费)的对比分析论证，选定防洪标准是合理可行的方法，但考虑估算防洪经济效益较难，需进行较多的调查、分析和研究。除可减免的洪灾经济损失外，还有社会、政治、环境等多方面的效益，该效益很难定量并且用经济价值量计算。基于以上原因，本条对经济论证只提倡，未作硬性规定，凡有条件的地方希尽量进行这一工作”。这些规定为我们进行水资源短缺风险控制标准的研究有一定的启发作用。

社会资源是一项竞争性的资源，从社会资源的合理利用和国家总体利益上衡量，应向着获取最大利益的事业流动，这是经济学的基本出发点之一。水资源保障系统的建设是社会资源利用的主要方面之一，投资的不合理或失误，不仅会造成社会资源的巨大浪费，而且有可能对国民经济的协调发展带来负面影响。若水资源保障系统投入不足，水资源短缺风险控制标准低下，应用于水资源保障的社会资源被用于其他建设领域，区域经济发展过程可能相应于丰水期和枯水期出现较大的波动：在丰水期，经济增长较快，在枯水期，经济发展将受到较严重的影响，还有可能出现其他次生问题；若投入过度，水资源短缺风险控制标准很高，经济发展非常平稳，但由于水资源保障系统的建设过多地占用其他建设领域的社会资源，经济发展速度受到影响，这方面的机会损失过大使得该保障系统的建设得不偿失；当用于水资源保障系统的社会资源与用于其他领域的社会资源分配比较合理时，即区域水资源保障系统的建设与国民经济发展相适应、相协调时，从社会经济发展的总进程看，是相对合理的。

区域水资源保障系统的经济评价是建立区域水资源短缺风险控制标准的最主要内容。区域水资源保障系统的经济评价中的减免损失或效益的计算，需要具备下面的条件：①不同频率缺水量的确定；②不同缺水频率造成的损失计算；③水资源短缺风险要素与资产损失关系的建立；④不同水平年区域社会经济发展预测。

9.2 水资源系统最优风险控制标准的确定

本书参照防洪优化标准的制定(王丽萍，1999)来确定区域水资源短缺风险控制标准。

9.2.1 优化准则

在经济学中生产规模设计的最优准则——供给与需求均衡，或者说边际费用与边际效益均衡的原理，可以导出水资源系统水资源短缺风险控制标准的优化准则。在经济学中，市场的最佳状态是供给量与需求量相等的状态(称为市场均衡);生产的最优状态是边际费用等于边际效益的状态(称为生产或经营均衡)。将这一概念引入到水资源短缺风险控制标准的准则确定中是可行的。水资源系统水资源短缺风险控制标准的优化准则为:水资源系统风险管理措施的边际费用曲线与边际效益曲线的交点指明了该系统的最优水资源短缺风险控制标准,需要说明的是,这里的边际值可以表示为区域水资源系统供水短缺风险率(或称供水保证率)的函数。

9.2.2 最优水资源短缺风险控制标准的确定

确定最优水资源短缺风险控制标准的思路是:取不同的供水保证率,对每一供水保证率,计算出水资源保障系统的费用和所产生的效益,建立该水资源系统的费用-设计供水保证率以及效益-设计供水保证率的关系曲线,并通过求边际值(或微分)建立该水资源保障系统的边际费用-设计保证率以及边际效益-设计保证率的关系曲线,则边际费用与边际效益相等时对应的设计供水保证率即为该水资源保障系统的最优水资源短缺风险控制标准。

(1)推求边际费用曲线。

第一步,取不同的供水保证率,计算区域水资源系统为保证达到每一设计供水保证率需要投入的各种水资源风险管理措施的费用,并将其折算成资金的年值。通常情况下,区域水资源保障系统由多种措施构成,包括工程和非工程措施,对区域水资源保障系统的费用计算要求按优化的思想,在供给相同水量的情况下尽可能的找出各种组合措施的费用最低点,以便于建立区域的供水保证率-费用关系曲线。

对于区域水资源系统而言,要达到一定的供水保证率,其风险管理措施有开源措施和节流措施,更进一步的又可分为开发当地水资源、节水、污水回用、雨水利用、海水利用以及外调水等。这些措施都面临着投资问题,我们可以对每一个单独措施的投资费用和其所起到的增供水量建立关系曲线,例如以节水和调水组合为例,为了保证以某一保证率向区域供水需要采取节水措施和调水措施,如果节水的投入少则节水量就小,那么相应的外调水规模就要增大,这意味着外调水的投资费用就要增大,反之亦然。那么在什么情况下节水与调水的投资费用组合最经济便是我们所要追求的目标。在一定范围内变动各措施的可增供水量便可以得到不同规模可供水量与投资费用组合的关系(见图9-1)。

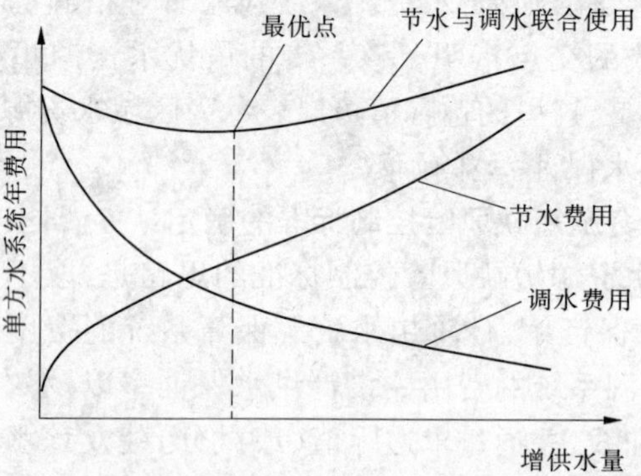

图9-1 节水与调水联合使用时系统最优费用的确定

对各个供水保证率的各种费用组合的最优点进行计算后,便可以得到水资源保障系统的费用(C_f) - 供水保证率(P)的关系曲线(见图9-2)。

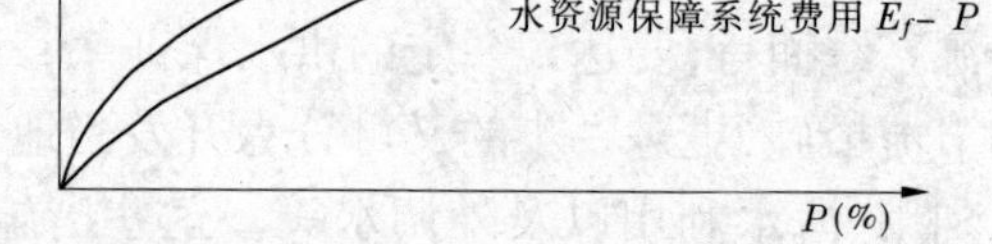

图9-2 水资源系统费用效益图

第二步,根据 $C_f - P$ 曲线,在应用中可以通过计算 $C_f - P$ 曲线各离散点的斜率来建立边际费用 - 供水保证率关系($C_b - P$)曲线,即建立 $C_f - P$ 曲线两级设计保证率之间的年费用差异与两保证率差值之比与设计保证率的关系。实际上 $C_b - P$ 曲线是 $C_f - P$ 曲线的微分曲线。

(2)推求边际效益曲线。和推求边际费用曲线的方法类似可以推求区域水资源系统的边际效益曲线,其步骤如下:

第一步,计算研究区在无水资源保障措施情况下的水资源短缺造成的经济损失;

第二步,计算各种供水保证率情况下的可供水量,据此计算研究区仍然存在的供水缺口,并同时计算出其经济损失;

第三步,由前两步的缺水损失之差就可以计算出水资源保障系统的经济效益;

第四步,求在各种供水保证率情况下的区域水资源系统所产生的净效益 E_f,并可以作出供水效益 - 供水保证率关系 $E_f - P$ 曲线(见图9-2)。

第五步,由 $E_f - P$ 曲线可以推求边际效益 E_b 与供水保证率 P 的关系曲线 $E_b - P$,其方法与边际费用 - 供水保证率曲线的推求方法一样。

(3)区域水资源短缺风险控制标准的确定。将边际费用 $C_b - P$ 曲线和边际效益 $E_b - P$ 曲线同绘在一张图上,两条曲线的交点便是所要求的水资源保障系统的最优水资源短缺风险控制标准 P(见图9-3)。

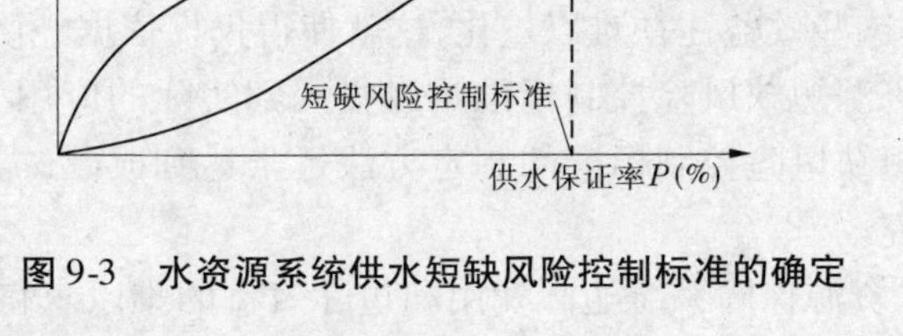

图9-3　水资源系统供水短缺风险控制标准的确定

9.3　水资源系统缺水调控准则

区域水资源保障体系由一整套的水利工程和输配水系统组成,当区域存在水资源短缺风险时需要采取一定的工程措施和非工程措施对区域水资源短缺进行调控,水资源短缺调控方式和调控的投入规模并不是越大越好,而是要掌握适宜的规模,这个适宜的规模便是水资源系统缺水调控的准则。以首都圈为例,在本书的水资源系统缺水风险决策中,设置的方案包括了节水、治污、挖潜和调水等措施,通过方案的缺水总损失计算发现,在有南水北调存在的情况下,随着节水投入规模的增加,区域缺水损失在达到适当节水规模后趋于增加,而开始增加的那一个投入规模应该就是区域水资源短缺风险调控中的适宜投入规模,这一标准便是区域水资源短缺风险调控的准则,根据这一准则可以在区域水资源优化配置中合理确定各调控措施方案和适度投入规模,避免有限资金的浪费。

9.4 小结

本章基于经济学中的供给与需求均衡原理从两个方面初步尝试对水资源系统水资源短缺风险最优控制标准的建立进行理论研究,第一个方面是针对整个区域水资源保障系统建立整个区域水资源短缺风险控制标准;另一方面则是探讨在区域发生水资源短缺情况后调控区域水资源短缺风险的准则,后一个方面的研究实际上在本书的第 8 章已经做过探讨。通过对水资源短缺风险控制标准制定的分析发现存在一些问题:

(1)在实际的水资源供用水系统中,效益的计算并非只是经济效益的计算,还应包括其保障人民生活、保护生态环境等的社会效益和生态效益,而这些效益往往难以量化,这就使得仅仅依据经济效益所得出的区域水资源短缺风险控制标准难以投入到实际的应用当中,所以上述水资源短缺风险控制标准的制定方法远未达到成熟,需要进行更加深入的研究。

(2)水资源保障系统边际费用和边际效益的难以求得使区域水资源保障体系的水资源短缺风险控制标准制定目前只能停留在理论水平上。

第 10 章　结　语

本书针对区域水资源短缺风险提出了包括风险识别、风险分析、风险评价、风险处理到风险决策的理论体系和可操作性的模型及方法。本书的基本思路是对区域水资源短缺风险进行系统的分析和评估，并在此基础上寻找解决水资源短缺问题的最佳方案，为区域水资源规划和国民经济规划决策服务。本书在用定量化手段分析解决水资源短缺的风险问题方面做了大量工作，并非常注重理论与实践的结合，主要研究结论和成果如下：

(1)从水资源短缺的风险识别、风险分析、风险损失评估、风险评价、风险处理及调控到风险决策，对区域水资源风险管理进行了系统的研究，并对水资源短缺的控制标准进行了初步探讨，初步形成了一个比较完整的理论体系。

(2)在总结风险研究动态的基础上，对水资源系统风险的定义进行了研究，研究认为水资源系统风险泛指在特定的时空环境条件下，水资源系统中所发生的非期望事件及其发生的概率，并由此产生的损失程度。该定义比较全面地反映了水资源系统所面临的风险事件及其后果。

(3)在水资源风险识别原理和方法的研究基础上，对首都圈水资源系统所面临的风险来源进行了全面识别，并建立了各风险因子和风险过程的影响图概念模型，充分反映了水资源系统风险因子间的错综复杂关系。

(4)本书对水资源短缺风险的分析采用了供需平衡的方法，这一方面解决了风险分析的模型方法问题，同时为今后进行供需平衡分析引入了风险的概念，使得区域水资源规划更加科学合理。通过水资源系统的供需分析便可以得到区域水资源短缺风险的概率统计，同时采用风险的性能指标来统计区域水资源短缺风险。

(5)首次采用区域水资源宏观经济模型，对水资源短缺所造成的潜在经济损失进行了评估，此评估方法优于一般所采用的工业万元产值法和水分生产函数法，因为它充分考虑了国民经济各行业的直接和间接联系。通过水资源宏观经济模型求出的水资源影子价格，为计算水资源短缺风险所造成的经济损失提供了坚实基础。

(6)采用模糊综合评判法对区域水资源短缺风险进行了综合评价，利用 GIS 技术对区域各单元所面临的不同水资源短缺风险进行了区划，使得水资源短缺风险评价结果更加直观。

(7)提出对区域水资源短缺风险进行处理与调控，应从需水管理和供水管理两方面入手。认为在对区域水资源短缺进行风险管理时，应提倡微观与宏观、规划与应急、损前控制与损后控制相结合，技术手段与策略措施并重的综合思想来调控区域水资源短缺风险。

(8)提出了水资源短缺风险的三个决策层次，即单目标风险决策、效用期望值风险决策和多目标风险决策。由浅入深地研究了水资源风险决策的模型和方法，并以首都圈区域为实例进行了应用研究，取得了较为满意的结果。

(9)对区域水资源短缺风险的控制标准进行了研究，将区域水资源短缺风险控制标准分为两个方面，一方面是区域整体水资源保障系统的水资源短缺风险控制标准，另一个方面是区域存在水资源短缺情况下的调控准则。

由于水资源系统面临的风险问题非常广泛而且极其复杂，且受作者专业素养、理论水平及可操作性的制约，文中的理论、方法、结构安排、文字表达等方面定会存在许多问题。本书仅从水资源短缺方面对水资源系统风险作了一点初步研究，受时间等因素的限制，有些仅是点到为止。为进一步发展和完善水资源短缺风险的理论和方法，作者认为应对以下问题作进一步研究：

(1)在水资源短缺风险分析中，本书采用了长系列输入的水资源供需平衡方法进行研究，该研究方法与典型年法相比较有一定的优越性，但该方法没有考虑水文衰减规律对区域来水的影响，这需要在今后的研究中逐步充实完善。

(2)对水资源短缺经济损失的评估本书只采用了6部门的区域投入产出表,这种简化的处理方法具有一定的局限性,特别是对农业与其他行业采用一样的价值性投入产出数据有其不合理的地方,在今后的研究中需要加强对农业风险损失的计算,才能较为准确地确定水资源短缺的经济损失。

(3)在区域水资源短缺风险区划中,为了便于规划使用,基于GIS的水资源短缺风险区划指标模型方法需进一步改进,以便对每一种水资源短缺发生的概率进行描述,从而达到时空分析评价的目的。

(4)对水资源短缺风险决策虽然采用了三个层次进行,但在信息不完备情况下,该方法难以操作。因此,还需要深入研究水资源短缺风险的决策方法,进一步完善区域水资源短缺风险决策理论。

(5)由于水资源保障系统边际效益和边际费用难以获得,使得区域水资源短缺风险控制标准研究目前只停留在理论层次上,需要更进一步完善其理论方法,使其能够对区域水资源保障体系的建设发挥指导性作用。

(6)急需研制水资源风险管理信息系统,水资源短缺风险管理信息系统为该系统的一个子系统,系统设计时应结合地理信息系统对区域水资源短缺风险进行管理。

参 考 文 献

[1] A. H S, Tang W H. Probability Concepts in Engineering Planning and Design[M]. Volume, John Wiley and Sons, New York, 1984.

[2] Adamowski. K. Nonparametric kernel estimation of flood frequencies [J]. Water resources, 1985, 21.

[3] Bargiela A, Hainsworth GD. Pressure and floe uncertainty in water system[J]. J Water resour Plan Manage, Vol:115, Iss:2, 1989:212-229.

[4] Carrara A. GIS technology in mapping landslide hazard[A]. Geographical information systems in assessing naturel hazard[C]. Amsterdam: Kluwer Academic Publishers, 1995:135-175.

[5] Colorni A, Fronza G. Reservoir management via reliability programming[J]. Water Resources Research, Vol:12, Iss:1, 1976:85-88.

[6] Croley. T. E. Sequential stochastic optimization for reservoir system[J]. Hydraul. Div. Am. Soc. Civ. Eng., 100, 1974.

[7] David M. Euhus, MD, Understanding mathematic models for breast cancer risk assessment and counseling[J]. The breast journal, Vol:7, Iss:4, 2001:224-232.

[8] David W. Watkins Jr., Student Member ASCE and Duene C. Mckinneg. Finding robust solutions to water resources problems [J]. Journal of water resources planning and management, January/Febrary, 1997:49-58.

[9] Deborah H. Lee, P. E., Member, ASCE. Insititutional and technical barriers to risk-based water resources management: a case study[J]. Journal of water resources planning and management. July/August, 1999:186-195.

[10] Engelman R, Leroy P. Sustaining water-population and future of renewable water supplies[J]. Population and environment program, Population Action International, 1993.

[11] Fiering M B. A screening model to quantify resilience[J]. Water Resources Research, Vol:18, Iss:1, 1982:27-32.

[12] Fujiwala O, Ganesharajah T. Reliability assessment of water supply systems with storage and distribution networks[J]. Water resour Res, Vol:29, Iss:8, 1993:2914-2924.

[13] Goicoechea A, Duckstein L. Multiple objective under uncertainty: an illustrative